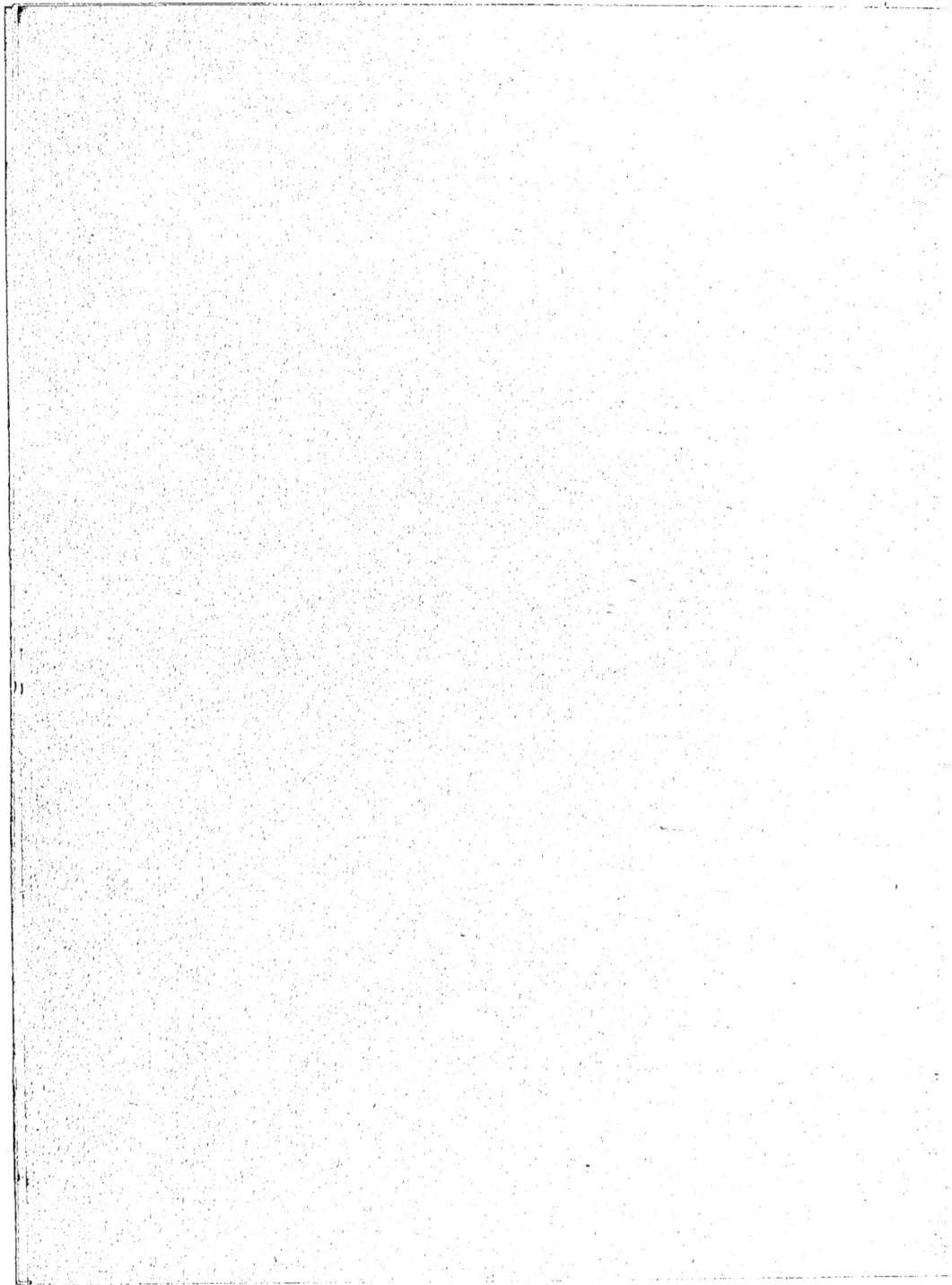

# DE LA DÉCLINAISON

## ET

## DES VARIATIONS

## DE L'AIGUILLE AIMANTÉE.

*Par M. Cassini, Membre de l'Académie Royale des Sciences,*
*& Directeur de l'Observatoire Royal de Paris.*

A

# AVERTISSEMENT.

Occupé depuis plus de dix années à suivre très-assidument les mouvemens de l'aiguille aimantée, je suis parvenu à rassembler une suite considérable d'observations nombreuses faites avec un instrument particulier, & qui par fois m'ont présenté des résultats intéressans & curieux. Je m'étois d'abord proposé de ne me servir de ces matériaux que pour en composer par la suite un ouvrage complet sur cette matière ; mais n'ayant pu, en différentes circonstances, me refuser à l'impatience & à la curiosité de quelques Savans, j'ai rendu compte en divers temps & dans deux écrits particuliers, d'une partie de mes recherches.

Mon premier Mémoire sur les variations diurnes de l'aiguille aimantée, fut imprimé en forme de Lettre, dans le Journal de Physique de M. l'abbé Rosier, du mois d'Avril 1784. J'y rendois compte de mes premiers essais ; ce n'étoit, pour ainsi dire, que le prélude de mes expériences. Le second Mémoire composé depuis peu sur l'invitation de l'Académie, n'est encore connu que d'elle, & ne lui ayant été lu cette année que dans les séances qui ont précédé ses vacances, il ne seroit dans le cas d'être imprimé dans ses volumes au plutôt que dans un an. C'est ce qui m'a décidé à le publier en ce moment, & j'ai pensé qu'en le réunissant au précédent, il pourroit former un ouvrage assez complet sur la déclinaison & les variations de l'aiguille aimantée. J'ai désiré particulièrement faire connoître aux Savans, & soumettre à leur jugement, à leurs réflexions, cette singulière influence que j'ai cru remarquer de la position du Soleil, dans l'équinoxe de Mars & le solstice de Juin, sur la marche de l'aiguille ; que, dans le premier cas, il détourne de sa route habituelle, & que, dans le second, il y ramène. Phénomène singulier, digne d'une grande attention. Quoique huit années d'observations semblent me l'avoir suffisamment confirmé, j'invite les Physiciens & tous ceux qui seront munis d'instrumens délicats, de le vérifier de leur côté, tandis que du mien, je m'efforcerai encore, par de nouvelles expériences, à confirmer de plus en plus, ou à rectifier mes premiers résultats, & tâcherai d'acquérir, s'il m'est possible, de nouvelles lumières sur une matière que nous sommes encore si éloignés d'avoir approfondi.

# LETTRE

## A L'AUTEUR
## DU JOURNAL DE PHYSIQUE,

### Avril 1784.

## DE L'INFLUENCE DE L'ÉQUINOXE
### DU PRINTEMPS
## ET DU SOLSTICE D'ÉTÉ,
#### SUR
## LA DÉCLINAISON ET LES VARIATIONS
### DE L'AIGUILLE AIMANTÉE.

*Mémoire lu à l'Académie Royale des Sciences, dans les séances du mois d'Août 1791.*

## À PARIS,

De l'Imprimerie & chez L. P. COURET, rue Christine, N°. 2.
GATTAY, Libraire au Palais-Royal.
BLEUET, Libraire, rue Dauphine.
LECLERE, Libraire, rue Saint-Martin.

### 1791.

# OBSERVATIONS

Sur les Variations diurnes de l'Aiguille aimantée ;

*Par M. Cassini, Membre de l'Académie des Sciences de Paris.*

## MONSIEUR,

Plusieurs Savans m'ayant paru désirer connoître le résultat des observations que je fais depuis quelques années à l'Observatoire Royal, sur les variations diurnes de l'aiguille aimantée, je n'ai pas cru pouvoir mieux les satisfaire, qu'en vous donnant un extrait de ces observations, avec quelques détails sur les expériences relatives à cet objet, & sur les conséquences que l'on en peut tirer.

Vous vous rappelez, Monsieur, qu'en 1773 l'Académie Royale des Sciences proposa cette question : *Quelle est la meilleure manière de fabriquer des aiguilles aimantées, de les suspendre, de s'assurer qu'elles sont dans le vrai méridien magnétique ; enfin, de rendre raison de leurs variations régulières diurnes.*

L'Académie n'ayant point été satisfaite des Mémoires qui lui avoient été envoyés en 1775, remit le Prix, qui ne fut remporté qu'en 1777, & partagé entre M. Coulomb, Capitaine au Corps Royal du Génie, & M. Wan-Swinden, Professeur de Philosophie à Franeker.

Je ne m'arrêterai point à vous donner ici le précis des recherches neuves & intéressantes qui ont amené les deux Auteurs au même but, quoiqu'en suivant des routes différentes ; je craindrois d'occuper dan votre Journal une place trop précieuse, & qui appartient à d'autres objets. Je me bornerai donc à vous parler des expériences que j'ai faites, en adoptant les principes & la méthode de M. Coulomb, qui consiste à suspendre à un fil de soie de quinze à vingt pouces de longueur, & d'une force suffisante, une aiguille aimantée, libre entre les jambes d'un étrier, au haut duquel le fil est attaché. L'étrier, le fil & l'aiguille sont renfermés dans une boîte, dont toutes les parois sont hermétiquement bouchées, & qui n'a qu'une ouverture fermée d'une glace au-dessus de l'extrémité de l'aiguille, afin de pouvoir observer ses mouvemens, & les mesurer par le moyen d'un micromètre extérieur placé à cette extrémité.

Cette courte description doit vous suffire, Monsieur, pour juger de l'avantage d'une pareille suspension sur celle des pivots, qui avoit été en usage jusqu'alors, & dans laquelle le seul frottement étoit capable d'anéantir l'effet de la variation diurne, qui, comme vous le verrez bientôt, ne monte qu'à quelques minutes.

Le seul inconvénient qu'un premier coup-d'œil pouvoit faire soupçonner dans cette suspension de fils de soie, étoit l'effet de la torsion de ces fils ; & cet effet pouvant être de quelque conséquence, méritoit bien d'être examiné & apprécié par l'Auteur. Les expériences les plus délicates, jointes à une théorie ingénieuse, lui ont fait reconnoître & démontrer, que la torsion des soies ne peut influer que d'une manière insensible sur la position des aiguilles aimantées qui y sont suspendues. En effet, M. Coulomb prouve qu'un angle de torsion de 222 degrés ne peut produire qu'une minute d'erreur dans la position de l'aiguille suspendue. C'est ainsi qu'un examen attentif, & une juste appréciation des choses, nous mettent souvent dans le cas de lever facilement des obstacles, qui d'abord paroissoient insurmontables. Il est, dans la carrière des Sciences comme ailleurs, certains fantômes, qui semblent d'abord vouloir arrêter nos pas, & dont il suffit de s'approcher pour reconnoître & dissiper leur illusion. Au reste, Monsieur, pour satisfaire pleinement les personnes qui, malgré les expériences & la démonstration de M. Coulomb, ont encore quelque méfiance sur la torsion des fils de soie, voici le procédé que j'emploie, & la préparation par laquelle j'ose me flatter de rendre absolument nul l'effet de la torsion dans les fils de suspension de mes aiguilles.

Je prends des fils de soie, tels qu'ils sortent du cocon, en nombre suffisant pour qu'ils puissent supporter le poids de l'aiguille avec son équipage, que je suppose de 7 onces. Ces fils étant coupés à la longueur nécessaire, & noués ensemble par les deux bouts ; pour ne former qu'un seul fil, je les accroche par l'extrémité supérieure dans une situation verticale à un point fixe ; & pendant l'espace de vingt-quatre heures, je suspends successivement à l'extrémité inférieure un, deux, trois, & jusqu'à huit petits poids d'une once chacun ; je presse ensuite plusieurs fois, & de haut en bas, ces fils ainsi chargés, entre mes doigts trempés dans une eau légèrement gommée, afin de les réunir ; & au bout de quelques heures, je répète la même cérémonie, mais avec un peu de suif en place de gomme, pour garantir de l'effet de l'humidité. Cela fait, je coupe mon fil de suspension à la longueur requise ; je l'accroche à son étrier dans la boîte placée d'avance, & disposée à demeure dans le plan du méridien magnétique. Je suspends de nouveau un poids au crochet que porte le fil de suspension à son extrémité inférieure, & j'attends que toute oscillation, au cas qu'il y en ait, étant cessée, la direction du crochet m'indique l'état naturel de mon fil de suspension. Par le moyen de la vis qui porte le crochet supérieur auquel tient le fil, je tourne le crochet inférieur dans un plan perpendiculaire à celui du méridien magnétique ; & c'est alors que je substitue au poids l'aiguille aimantée, qui, par ce moyen, se trouve dans la position la plus libre, n'ayant à vaincre aucune torsion quelconque, & ne devant obéir qu'à l'effet de la matière magnétique.

Telle est, Monsieur, la manière de suspendre les aiguilles aiman-tées que je mets en usage. J'ai cru devoir vous la détailler, afin de pré-venir nombre d'objections que l'on auroit pu faire, ne la connoissant pas ; d'ailleurs elle pourra servir de règle à ceux qui seroient dans le cas de vouloir répéter mes expériences. Je passe aux observations.

I. Depuis le 10 Août 1780, jusqu'au 18 du même mois, *avec une aiguille de lame de ressort posée sur champ, de 9 lignes de largeur, maintenue dans toute sa longueur par deux petites lames de cuivre d'une demi-ligne d'épaisseur sur 2 lignes de largeur......*

*Longueur totale de l'aiguille, 1 pied 8 pouces 9 lignes ; du point de suspension à l'extrémité boréale, 1 pied 1 pouce 6 lignes : poids total de l'aiguille, avec son contrepoids & son équipage, 7 onces 5 gros ¼.*

*Résultat.* « 1°. Le plus grand écart de l'aiguille a eu lieu com-
» munément du côté de l'ouest, vers une heure après-midi ; l'aiguille
» se rapprochoit du nord vers le soir, restoit à-peu-près fixe la nuit,
» & recommençoit le lendemain matin à s'éloigner vers l'ouest.

» 2°. La variation diurne moyenne a été de 14 minutes en-
» viron. »

II. Depuis le 3 Décembre 1780, jusqu'au 31 Janvier 1781, *avec
la même aiguille.*

*Résultat.* « 1°. Le grand écart de l'aiguille a presque toujours eu
» lieu entre deux & trois heures après-midi. L'aiguille s'avançant
» depuis le lever du soleil jusqu'à deux ou trois heures du nord vers
» l'ouest, & rétrogradant ensuite dans l'après-midi, pour revenir,
» vers dix heures du soir, à-peu-près au même point que le matin.
» La nuit, l'aiguille étoit assez constamment stationnaire ; de sorte
» qu'à huit heures du matin, on la trouvoit communément au même
» point où elle étoit la veille au soir.

» 2°. La variation a été plus communément de 5 ou 7 minutes.

» 3°. Le 19 Décembre, il y a eu une variation extraordinaire de
» 17 minutes : il a soufflé, toute la journée, un grand vent de
» nord-est. »

III. Depuis le 20 Septembre 1781, jusqu'au 29 du même mois, *avec
la même aiguille.*

*Résultat.* « 1°. Les variations de l'aiguille ont été très-inconstantes.
» Le 23, la direction étoit le matin sur o d. 26 min. de la division du
» micromètre ; à deux heures après-midi, elle parvint à 1 d. o min.
» Ce grand mouvement annonçoit quelque chose d'extraordinaire.
» L'aiguille ensuite rétrograda vers l'est, non-seulement de tout le
» degré où elle étoit parvenue, mais encore de 13 minutes en-deçà,
» où elle fut observée à neuf heures du soir. C'est alors qu'on
» s'aperçut d'une aurore boréale, dont l'effet sur l'aiguille avoit été
» par conséquent de 73 minutes. Le 25, une autre aurore boréale ne
» produisit qu'une variation totale de 35 minutes. ( Il faut, à la vérité,
» défalquer l'effet ordinaire de la variation diurne, qui est d'environ
» 14 minutes. )

» 2°. Le 24, entre midi & trois heures, un orage, accompagné
» de tonnerre, eut lieu ; & pendant ce temps, l'aiguille ne varia que
» de 5 minutes. Le 25, entre huit heures du matin & midi, même
» circonstance

circonstance & à-peu-près même effet ; c'est-à-dire, que ce tonnerre & ces orages ne changèrent rien à la variation ordinaire.

» 3°. Il a paru que l'effet de l'aurore boréale précédoit souvent de plusieurs heures l'instant où elle commence à être visible, & se prolongeoit aussi long-temps après.

» 4°. Les jours où l'on n'a rien remarqué de particulier, la variation diurne a été observée entre 13 & 18 minutes. »

On se doute bien que, pour mieux reconnoître les lois du mouvement de l'aiguille & de ses variations diurnes, je l'ai observée à toutes les différentes heures de la journée, marquant en même temps la hauteur du baromètre, celle du thermomètre, la direction du vent, & les autres circonstances de l'état de l'air. La perfection de cette nouvelle suspension laissant à l'aiguille une liberté absolue & une extrême sensibilité, j'avois la plus grande attention, non-seulement de me dépouiller de toute matière attirable à l'aimant, mais encore de chercher à garantir ma boussole de toute impression & des courans de l'air extérieur. J'avois soin d'ouvrir très-doucement la porte en entrant dans le cabinet où étoit placée la boussole, de m'approcher d'elle fort posément, quoique je n'eusse rien à craindre de la mobilité du plancher, la boussole étant assise sur une forte voûte. Malgré ces précautions, je croyois souvent avoir quelque chose à me reprocher, lorsqu'en arrivant je trouvois l'aiguille en oscillation ; ce qui avoit lieu assez fréquemment. On verra, par la suite, à quoi cela pouvoit tenir.

Les trois suites d'observations que je viens de rapporter, n'étoient que le prélude des nombreuses expériences que je projettois. J'avois dû commencer par faire connoissance avec le nouvel instrument, & son usage m'avoit convaincu que, pour en tirer le plus grand parti, il ne s'agissoit que de faire répondre la délicatesse des observations & l'adresse de l'Observateur, à la précision de la nouvelle suspension.

Une fois débarrassé de toutes les imperfections des anciennes suspensions, & des erreurs dont elles affectoient les observations, il ne nous restoit plus qu'à examiner les aiguilles même ; rechercher si leur forme, leur matière, leur poids, leur longueur, leur degré magnétisme, ne pouvoient pas apporter dans les résultats des observations des différences sensibles, & donner des effets composés de plusieurs causes. Dans le cours même de nos expériences, il s'étoit

B

élevé à l'Académie une question fort importante à décider. On deman-
doit : *Si l'électricité de l'air, ou quelque autre cause étrangère*
*au magnétisme, n'influoit point sur les variations diurnes.* M. Coulomb, devenu alors Membre de l'Académie, proposa, pour s'en assurer, de suspendre, selon sa méthode, deux aiguilles de même longueur, même poids, même matière, tels que deux fils d'acier égaux,
tirés à la même filière ; d'aimanter fortement l'une & l'autre foiblement, & d'observer si les variations diurnes données par ces aiguilles,
seroient proportionnelles ou non à leur force magnétique. Je me
chargeai de ces nouvelles expériences ; nous fîmes faire deux boîtes
de boussole absolument égales dans toutes leurs dimensions, & nous
prîmes deux aiguilles de fil d'acier assez semblables aux aiguilles à
tricoter, dont le diamètre étoit d'environ trois quarts de ligne, & la
longueur de 1 pied 7 pouces 10 lignes. Vers le tiers de la longueur
de chaque aiguille, un fil de soie lâche, fixé avec de la cire, servoit
d'anneau de suspension ; à l'une des extrémités de l'aiguille, étoit
adapté également, avec un peu de cire, un petit bout de fil de laiton,
de l'épaisseur d'un cheveu, pour servir d'index, & à l'autre extrémité, l'aiguille portoit un contrepoids. Dans cet état, chaque aiguille,
pesant au total 44 grains, fut suspendue dans sa boîte, & posée à
demeure, avec toutes les précautions requises, sur un plancher voûté,
dans deux cabinets différens & éloignés l'un de l'autre. Mais, pour
n'avoir rien à me reprocher, & n'être point dans le cas de soupçonner que le différent gissement des cabinets pût influer sur les effets
comparés, j'ai eu l'attention, après un certain temps, de changer
les boussoles de place, mettant l'une dans le cabinet où l'autre avoit
été précédemment ; &, dans cette nouvelle situation, de répéter les
observations & les comparaisons.

IV. Depuis le 19 Mars 1782, jusqu'au 3 Avril, & depuis le 30 Avril
jusqu'au 11 Mai, *comparaison de deux aiguilles de fil d'acier*
*aimantées, l'une foiblement, & l'autre le plus fortement possible.*
Leurs dimensions sont rapportées ci-dessus.

» *Résultat.* 1°. La variation diurne de l'aiguille fortement aimantée
» a été assez inégale, tantôt de 10 minutes, tantôt de 17 minutes ou
» environ. Les jours où elle étoit la plus grande, on remarquoit assez
» communément qu'il régnoit alors des vents très-forts. Cependant
» le 20 Mars, où la variation diurne a été de 8 minutes ; & le premier,

» où elle n'a été que de trois, il souffloit un très-grand vent. En
» général, pendant le mois de Mars & les premiers jours d'Avril, il y a
» eu de la neige, de grandes pluies & des vents violens.

» 2°. Le plus grand écart de l'aiguille a eu lieu assez constamment
» vers deux heures après-midi du côté de l'ouest. J'ai aussi remarqué
» le plus communément, dans les mouvemens de l'aiguille, la loi de
» progression vers l'ouest, du matin vers deux heures après-midi ; de
» rétrogradation vers l'est, depuis deux heures jusqu'au soir ; & de
» station pendant la nuit.

» 3°. Dès mes premières observations, il semble que le mouvement
» de la vis du micromètre en imprime un à la boîte & à l'aiguille, qui
» paroît presque toujours en oscillation, quand je l'observe ; en consé-
» quence, je prends le parti d'amener d'abord le curseur sur l'aiguille,
» & d'attendre, pendant 5 minutes, que l'aiguille cesse d'osciller,
» pour l'observer de nouveau : mais bientôt je reconnois que ces oscil-
» lations ne dépendent pas tout-à-fait de ce prétendu mouvement
» imprimé à la boîte. En effet, le 24 Mars au matin, j'arrive auprès
» de mes boussoles ; j'ai soin de les observer, sans toucher au mi-
» cromètre, & je vois très-sensiblement mes aiguilles se mouvoir
» d'abord assez lentement, mais ensuite leur vitesse s'augmente.
» Je soupçonne dès-lors un effet particulier, causé par ma présence,
» sur les aiguilles. Le même jour, vers midi, curieux de vérifier ce
» phénomène, j'arrive auprès de l'aiguille fortement aimantée ;
» j'amène le curseur du micromètre sur l'index de l'aiguille, & me
» retire promptement. Au bout de 3 minutes, je reviens, & retrouve
» l'aiguille parfaitement sous le curseur : donc le mouvement du
» micromètre n'en avoit imprimé aucun à l'aiguille, qui étoit par
» conséquent très-fixe, & dans un état d'inertie. Je reste 2 minutes
» entières l'oeil fixé au microscope ; & le corps tout proche de la
» boîte, sans y toucher, je n'apperçois pas le moindre mouvement :
» je reste encore dans la même position ; & au bout de 20 secondes,
» je commence à voir l'index de l'aiguille sortir de dessous le curseur,
» s'en séparer, & s'en écarter sensiblement. Je me retire, me tiens
» éloigné pendant 3 minutes, & retourne à mon aiguille ; je la
» trouve revenue sous le curseur. Pareil effet sur les deux aiguilles :
» en conséquence, je prends dorénavant le parti de rester le moins
» de temps possible, auprès des boussoles, en les observant.

» 4°. Les variations de l'aiguille, foiblement aimantée, n'ont eu
» aucune loi. Il est impossible de rien statuer sur les mouvemens de
» cette aiguille, qui paroît être le jouet de mille causes étrangères,
» dont le magnétisme est la moins puissante sur elle. Ses oscillations
» sont presque perpétuelles ; elle se meut souvent vers l'est, quand
» l'autre marche à l'ouest. Le vent, l'approche d'une bougie la font
» osciller ; elle a des écarts considérables dans des momens où l'on
» ne soupçonne aucune cause apparente : elle est plus fixe dans
» d'autres, où l'agitation de l'air motiveroit son agitation. L'approche
» du corps humain la met quelquefois très-promptement dans un
» grand mouvement ; d'autres fois cet effet est plus lent & moins
» considérable. J'ai cité plus haut l'expérience du 24 Mars sur les
» deux aiguilles. Le 28 du même mois, trouvant à l'aiguille foible-
» ment aimantée une fixité qu'elle n'avoit pas coutume d'avoir, je
» me couchai le long de la boîte, ayant l'oeil au microscope. Ce ne
» fut qu'au bout de 6 minutes que je vis l'aiguille sortir de dessous
» le curseur, & s'arrêter à très-peu de distance ; je me suis retiré
» pendant 2 minutes : de retour, j'ai trouvé l'aiguille revenue sous
» le curseur. Je me suis recouché comme précédemment ; & pareil-
» lement, au bout de 6 minutes, j'ai communiqué à l'aiguille un
» égal mouvement. Le 24, en moins de 2 minutes, j'avois dérangé
» l'aiguille d'une bien plus grande quantité. Ce même jour 28 Mars,
» l'aiguille foiblement aimantée, a eu, par extraordinaire, les mêmes
» mouvemens que l'autre.

» 5°. Le rapport des forces magnétiques des deux aiguilles, déter-
» miné par le nombre de leurs oscillations, observé dans des temps
» égaux, s'est trouvé de 1 à 10 ; c'est-à-dire, que l'aiguille foible-
» ment aimantée, n'avoit que le dixième de la force magnétique de
» l'autre. «

Cette quatrième suite d'observations ayant évidemment prouvé que
les variations diurnes de nos aiguilles étoient souvent composées des
effets réunis, non-seulement du magnétisme de la terre, mais encore
de plusieurs autres causes différentes & étrangères, nous eûmes l'idée,
M. Coulomb & moi, de transporter au fond des caves de l'Observatoire,
les deux boussoles : là, se trouvant à plus de 80 pieds sous terre, dans
une température toujours égale, abritées de toute agitation & des
courans de l'air extérieur, nos aiguilles ne devoient plus avoir de

variations compliquées d'autant d'effets que, ci-dessus ; l'humidité des caves devoit détruire une grande partie de l'électricité de l'air ; & ce qui pouvoit en rester, devoit au moins être répandu par-tout uniformément : les aiguilles devoient donc être plus soumises au magnétisme de la terre. D'après ces idées, je me déterminai à descendre mes deux boussoles au fond des caves, & à observer dans cet endroit les mouvemens réciproques des deux aiguilles, le plus souvent qu'il me seroit possible ; car, à chaque observation, il y avoit deux cents marches à descendre, & autant à remonter ; ce qui ne permettoit pas de répéter très-fréquemment les expériences. A la vérité, il falloit peu de jours pour vérifier nos doutes. Je transportai donc les deux boussoles, & les plaçai dans deux cabinets souterrains, suffisamment éloignés l'un de l'autre, & voisins du lieu où l'on a coutume de mettre les thermomètres en expérience, pour fixer le terme de la température.

V. Depuis le 15 Mai 1782, jusqu'au 26 du même mois, *avec les mêmes aiguilles, placées au fond des caves de l'Observatoire.*

« *Résultat.* 1°. La variation diurne de l'aiguille fortement aimantée a été assez régulièrement aux environs de 12 minutes, s'avançant du nord vers l'ouest, depuis le matin jusques vers une heure après-midi ; rétrogradant ensuite depuis une heure jusqu'au soir, & restant fixe la nuit.

» 2°. Mon approche & ma demeure contre la boîte n'a fait dans les caves aucun effet sur l'aiguille fortement aimantée. En général, je trouvois presque toujours cette aiguille très-fixe ; l'observation se faisoit facilement ; & je ne remarquois plus ces oscillations fréquentes qui avoient lieu dans les appartemens supérieurs. Néanmoins, pendant tout le temps de mes expériences au fond des caves, il a fait un temps épouvantable, pluie presque continuelle & par grains, coups de vent considérables.

» 3°. La boussole, foiblement aimantée, n'a pas toujours eu une marche aussi uniforme que l'autre ; cependant elle a eu beaucoup plus de régularité dans ses mouvemens au fond des caves, qu'elle n'en avoit eue dans les appartemens supérieurs ; elle s'est même accordée plusieurs fois avec l'autre boussole, & a donné particulièrement le 19, le 22 & le 23, la même variation diurne que l'aiguille fortement aimantée.

» 4°. L'approche & la demeure du corps de l'Observateur , le long
» de la boîte , a fait dans les caves un effet au moins aussi sensible
» que précédemment sur la boussole foiblement aimantée. Cette
» expérience s'est faite de manière à ne laisser aucun doute sur
» l'existence de cet effet singulier qui a été produit par deux per-
» sonnes différentes , lesquelles en se couchant tantôt à droite , tantôt
» à gauche de la boussole , *repoussoient constamment l'aiguille dans*
» *le sens opposé , lui faisant ainsi changer de direction à volonté.*
» 5°. Quoique la boussole , foiblement aimantée , ait eu des mou-
» vemens plus réguliers dans le fond des caves que dans les appar-
» temens supérieurs , on y a néanmoins remarqué encore quelques
» mouvemens singuliers , dont l'isolement des caves n'a pu la ga-
» rantir. »

D'après les expériences nombreuses & multipliées que je viens de
rapporter , vous concluez sans doute avec moi , Monsieur , que
l'isolement des caves ayant procuré à l'aiguille foiblement aimantée
des mouvemens , en général , plus réguliers , il faut regarder l'agitation & les impressions de l'air extérieur, comme une cause constante,
qui mêle ses effets à ceux du magnétisme , dans les variations
diurnes des aiguilles : mais comme , malgré l'abri de l'air agité ,
notre aiguille a encore eu des mouvemens particuliers d'irrégularités,
il existe d'autres causes perturbatrices , dont nous en avons reconnu
une , celle de l'approche du corps humain. On ne peut donc se flatter
d'obtenir les véritables variations diurnes , c'est-à-dire , de connoitre
la quantité du dérangement de la direction de l'aiguille aimantée ,
causé par le seul effet du magnétisme de la terre , qu'autant que l'on
pourra garantir absolument l'aiguille , non-seulement des effets de
l'impression de l'air , mais encore des autres causes étrangères qui
paroissent agir sur elles. Pour y parvenir , faisons attention
aux phénomènes qui ont eu lieu pendant mes diverses expériences.
Nous avons remarqué dans la quatrième expérience , que le 28 Mars
les aiguilles , placées dans les appartemens supérieurs , avoient
eu les mêmes mouvemens ; & que, dans le fond des caves, le 19,
le 22 & 23 Mai , pareille correspondance a eu lieu. Dans ces circonstances , les causes étrangères paroissent donc avoir été nulles ,
ou avoir cessé d'agir sur la boussole foiblement aimantée , qui , dans
les autres temps , y étoit si sensible ; & c'est alors que la variation

diurne donnée par les deux boussoles, doit être regardée comme la plus exacte & la moins altérée par les effets étrangers. Nous voyons de plus que l'aiguille foiblement aimantée est singulièrement soumise à l'effet particulier de l'approche & de la présence de l'Observateur; tandis que l'autre, plus fortement aimantée, ne l'est que très-peu, & même point du tout, dans les caves où, se trouvant plus isolée & plus soumise sans doute à l'empire du magnétisme de la terre, elle résiste mieux à cette impression étrangère ; ce qui est, en effet, confirmé encore par l'expérience du 28 Mars, dans laquelle je remarquai que l'aiguille foiblement aimantée, ayant les mêmes mouvemens que l'autre (& ne ressentant par conséquent aucune impression étrangère), avoit eu bien plus de peine à sentir l'effet de la présence de l'Observateur, que dans le moment où ses variations étoient fort inégales. Voilà donc une des plus fortes causes perturbatrices du mouvement des aiguilles, devenue nulle lorsqu'elle agit seule sur l'aiguille fortement aimantée, & assez peu sensible sur l'aiguille foiblement aimantée. *Augmentez donc, autant qu'il vous sera possible, la force magnétique de vos aiguilles ; cherchez la forme, la matière & les dimensions les plus favorables à employer dans leur construction, pour les rendre plus propres à recevoir, à contracter & à conserver une grande force magnétique.* Telle est la conclusion naturelle des expériences & des réflexions que je viens, Monsieur, de vous exposer. Le problême qui restoit à résoudre, n'étoit pas sans doute, la partie la plus facile de la question ; mais personne n'étoit plus en état que M. Coulomb d'en venir à bout. Du moment où je lui eus communiqué les résultats de mes expériences, il s'en occupa avec succès ; comme vous allez le voir, aussitôt que je vous aurai rendu compte d'une dernière suite d'observations que je fis encore avec la boussole fortement aimantée, après qu'elle eut été tirée des caves, & remontée dans les appartemens supérieurs.

VI. Depuis le 14 de Juin jusqu'au 25 Juillet, *avec la même aiguille de fil d'acier fortement aimantée.*

« *Résultat.* 1°. La loi générale de la marche de l'aiguille du nord à
» l'ouest, depuis huit heures du matin jusqu'à midi, de la rétrograda-
» tion dans l'après-midi, & de la station pendant la nuit, a eu lieu,
» excepté le 17 Juin, où l'aiguille a été fixe depuis dix heures &
» demie du matin jusqu'au lendemain onze heures du matin. Même

» fixité le 21, depuis huit heures du matin jusqu'à cinq heures
» après-midi ; le 25, depuis dix heures du soir jusqu'au lendemain
» 26 à trois heures après-midi ; les 12, 21 & 23 Juillet, toute la
» journée. Les circonstances qui accompagnent cette inaction de
» l'aiguille, sont une grande chaleur, un temps bas, un très-beau
» temps.

» 2°. La variation diurne dans ces deux mois a été fort inégale,
» nulle dans les temps très-chauds, le plus communément de 5 à
» 9 minutes dans d'autres jours : elle n'a été plus forte, c'est-à-dire,
» de 12 & 14 minutes, que le 14 & le 15 Juin.

» 3°. De l'orage, des éclairs, du tonnerre n'ont aucune influence
» sur l'aiguille, le 4, le 21, le 26 Juin, ainsi que les 13 & 23 Juillet :
» mais le 25, elle varie de 15 minutes pendant un orage. C'est la
» première fois que je lui remarque cette variation en pareille cir-
» constance.

» 4°. Le matin & le soir, selon la loi ordinaire, l'aiguille s'étoit
» toujours remise à-peu-près au même point, c'est-à-dire, avoit tou-
» jours eu, à peu de minutes près, la même direction, depuis le
» 14 Juin jusqu'au 20 : mais, dans la nuit du 19 au 20, au lieu de
» rester fixe, elle se dérangea, & fut repoussée de 36 minutes vers
» le nord ; ce qui lui fit affecter une nouvelle direction pour le soir
» & le matin, qu'elle conserva pendant plus de quinze jours. Ce ne
» fut que le 12 Juillet qu'elle revint à son ancienne direction ; ce qui
» arrive assez ordinairement aux aiguilles aimantées. On remarqua,
» lors du premier dérangement, que le ciel s'étoit subitement cou-
» vert, & avoit été chargé de nuages une partie de la nuit ; le second
» dérangement fut accompagné d'un grand vent de midi, & d'un
» temps pluvieux depuis plusieurs jours. «

Tandis que M. Coulomb s'occupoit des moyens de donner aux aiguilles la plus grande force magnétique possible, je m'appliquois de
mon côté à perfectionner leur monture, leur enveloppe & leur établissement. Jusqu'alors l'étrier, qui portoit le fil de suspension,
n'étoit fixé que sur une forte semelle, d'un bois, à la vérité, très-
sec & très-épais ; la boîte de bois qui servoit d'enveloppe, & le micromètre, étoient également assis sur cette même base, dont le moindre jeu pouvoit communiquer du mouvement à tout l'équipage. Je fis
faire en plomb la boîte ou cage qui devoit renfermer l'aiguille ;

au

au lieu d'étrier, je fis visser & cramponner dans le haut de la boîte contre ses parois une traverse de cuivre, portant une longue vis, garnie d'un crochet, pour tenir le fil de suspension. Cette forte & solide boîte de plomb fut ensuite incrustée de deux pouces dans un dez de pierre dure, haut de 10 pouces, sur 15 de longueur & 8 d'épaisseur ; & c'est sur ce dez que je fixai à demeure le micromètre entièrement isolé de la boîte. C'est ainsi qu'avec l'équipage le plus simple & le plus solide, j'espérai mettre, autant qu'il étoit possible, mes aiguilles à l'abri des courans d'air & des mouvemens étrangers. En effet, je n'avois plus à craindre l'effet de l'humidité des temps & des lieux ; l'air ne pouvoit guères pénétrer dans une boîte de plomb, qui n'avoit qu'une porte, dont les parois étoient bouchées & collées avec soin. Enfin, le micromètre, portant sur un massif ou dez de pierre, ne pouvoit plus communiquer de mouvement à l'aiguille. C'est avec ce nouvel appareil que je fis les observations suivantes.

VII. Depuis le 14 Février 1783, jusqu'au 24 du même mois, *avec une aiguille de lame de ressort, fortement aimantée, renfermée dans une boîte de plomb fixée sur un dez de pierre : longueur totale de l'aiguille, 1 pied ; du point de suspension à l'extrémité boréale, 9 pouces 1 ligne.*

« *Résultat.* 1°. Le plus grand écart de l'aiguille vers l'ouest, a eu
» lieu entre midi & une heure. Presque toutes les matinées la pro-
» gression de l'aiguille a été très-régulière, & de 11 minutes ; mais
» dans les soirées, l'aiguille éprouvoit de fréquentes irrégularités.
» Depuis le 16 après-midi, jusqu'au 18 au matin, il n'a pas été
» possible d'observer, l'aiguille étant dans une continuelle agitation.
» Il a régné pendant ce temps un vent très-fort de nord & de nord-est.
» Les jours où la marche de l'aiguille a été très-régulière, la variation
» diurne a été d'environ 12 minutes.

» 2°. Le 20 au matin l'aiguille étant très-fixe, la demeure du
» corps de l'Observateur, le long de la boîte, a agi sur elle au bout
» de 4 minutes. «

Ces dernières expériences, jointes aux précédentes, paroissent nous indiquer, Monsieur, que les aiguilles de lame de ressort sont susceptibles des impressions étrangères. Sans doute, elles sont trop légères, & incapables de contracter une assez grande force magné-

C

tique. Il paroît donc avantageux de donner anx aiguilles une certaine épaisseur, un certain poids, qui offre une plus grande résistance ; & en même temps, que la matière dont elles sont composées soit susceptible de se charger d'une grande quantité de magnétisme. C'est à quoi les expériences & les recherches de M. Coulomb l'ont conduit ; après avoir essayé toutes les différentes matières & métaux propres à employer pour les aiguilles aimantées, il a reconnu que l'acier fondu étoit ce qui remplissoit mieux toutes les conditions requises : il a de plus trouvé une manière qui lui est propre, de communiquer à ces aiguilles d'acier fondu le plus fort & le même degré de magnétisme. En effet, à la fin d'Avril 1783, il me remit deux de ses nouvelles aiguilles, que je plaçai dans deux boîtes de plomb, telles que je les ai décrites ci-dessus, établies dans deux cabinets différens ; ce qui me procura une nouvelle suite d'observations dont je vais vous rendre compte.

VIII. Depuis le premier Mai, jusqu'au 6 Juillet, *avec deux aiguilles d'acier fondu, placées sur champ, aimantées le plus fortement possible; longueur totale de chaque aiguille, 1 pied 0 pouce 1 ligne $\frac{1}{2}$; épaisseur, $\frac{1}{7}$ ligne; poids de l'aiguille avec son contrepoids & l'anneau de suspension, 4 onces 2 gros $\frac{1}{4}$; distance du point de suspension à l'extrémité boréale de l'aiguille, 9 pouces 1 ligne.*

» *Résultat.* 1°. Je me hâte de dire, que l'accord le plus parfait
» s'est remarqué pendant ces deux mois d'expériences & de compa-
» raison des deux aiguilles, qui se sont trouvées stationnaires, oscil-
» lantes & écartées, dans les mêmes circonstances, dans les mêmes
» intervalles de temps, de la même quantité & dans le même sens.
» Les exceptions à cette règle ont été si rares, & la différence une
» si petite quantité, que j'ai cru devoir l'attribuer à l'erreur de
» l'observation. Une seule fois, le 3 Mai, l'une des aiguilles avoit
» une grande agitation, tandis que l'autre en avoit très-peu. A la
» vérité, celle-ci étoit placée dans un cabinet inférieur, abrité de
» tout vent ; & l'autre étoit dans une grande salle supérieure, &
» proche d'une croisée dans laquelle il souffloit un très-grand vent,
» Et deux autres fois, savoir le 24 Mai, l'aiguille supérieure a eu,
» depuis midi jusqu'à neuf heures du soir, 17 minutes de variation,
» l'inférieure n'en a eu que 8 minutes $\frac{1}{4}$. Le 1 Juin, au contraire,

» depuis midi jusqu'à six heures , l'aiguille supérieure n'a eu que
» 8 minutes $\frac{1}{4}$ de variation , & l'inférieure en a eu 16 minutes $\frac{1}{2}$.
» Le 14 Juin, fut un jour très-orageux ; il y eut le soir une grande
» averse, & une continuité de tonnerre pendant 20 minutes : mais les
» aiguilles n'eurent aucun mouvement pendant ce temps.

» 2°. Je n'ai jamais pu, même en restant 10 minutes couché con-
» tre la boîte de mes boussoles, & posant un doigt dessus, commu-
» niquer le moindre mouvement à mes aiguilles.

» 3°. Le 21 Mai, l'aiguille supérieure faisoit huit oscillations en
» 69 secondes, & l'aiguille inférieure en 67 secondes. Le 7 Juillet,
» l'aiguille supérieure faisoit cinq oscillations en 50 secondes $\frac{1}{2}$, & l'in-
» férieure en 47 secondes $\frac{1}{2}$.

» 4°. Le plus grand des écarts de nos aiguilles , vers l'ouest , a eu
» lieu dans le mois de Mai, vers l'heure de midi ; dans le mois de Juin,
» entre deux & trois heures.

» 5°. La variation diurne a été la même à très-peu près dans ces
» deux mois , & de 13 minutes $\frac{1}{4}$.

» 6°. Le 12 Mai , les aiguilles , vers le soir , rétrogradent de
» 14 minutes plus que de coutume , & l'on remarque alors un ban-
» deau d'aurore boréale , véritable cause de cet effet extraordinaire ,
» qui n'eut plus lieu le jour suivant 13 , où les aiguilles reprirent le
» matin leur direction ordinaire , & eurent même , particulièrement
» ce jour-là , la plus grande régularité dans leurs mouvemens , quoi-
» qu'à midi il y ait eu de l'orage , du tonnerre , un vent fort de
» l'ouest , & une grande chaleur ; mais le lendemain 14 , à six heures
» du matin , les aiguilles se trouvent écartées de près de 40 minutes
» de leur direction ordinaire ; à midi , elles sont encore éloignées de
» 14 minutes du point où elles avoient coutume de se trouver à cette
» heure. Or , dans tout cet intervalle , il règne le plus beau temps
» du monde, qui paroît seulement disposé à la chaleur ; le soir , le
» ciel se couvre , & alors les aiguilles reprennent leur direction ordi-
» naire. Voilà une des plus grandes irrégularités que nous ayons
» observées, sans en pouvoir soupçonner la cause. »

D'après tout ce que je viens de vous exposer, Monsieur , & sur-
tout d'après ces dernières observations, ne peut-on pas se flatter,
qu'avec le secours de la nouvelle suspension de M. Coulomb, ses
nouvelles aiguilles & sa nouvelle manière d'aimanter , on parviendra

désormais à déterminer exactement les véritables variations diurnes ?
Nos aiguilles se trouvant douées de la plus grande force magnétique,
le magnétisme de la terre exercera sur elles le plus grand empire.
Suspendues avec la plus grande liberté, aucun frottement ne les
empêchera d'obéir à ses impulsions, à suivre sa direction ; abritées
de l'air ambiant, assises avec la plus grande solidité, aucun mouvement, aucun ébranlement étranger ne les détournera de leur véritable direction.

Il ne nous reste donc plus qu'à suivre, avec la dernière attention
& la plus grande persévérance, les mouvemens de ces nouvelles aiguilles. Vous apprendrez, sans doute, avec plaisir, Monsieur, que
j'en ai remis une entre les mains d'un habile Observateur, que, pour
tout éloge, il me suffit de vous nommer le P. Cotte. Ses nombreuses
& soigneuses observations, réunies & comparées à celles que je continue de faire à l'Observatoire Royal, ne manqueront pas de nous
donner des résultats exacts & intéressans, d'après lesquels nous pour-
rons reconnoître & fixer les lois des variations diurnes de l'aiguille
aimantée. J'attends aussi de jour en jour une nombreuse suite d'observations de ce genre, faites à Basse-Terre, sous les yeux & par la
protection de M. le Président de Foulquier, Intendant de la Guade-
loupe, qui a formé dans cette Isle un établissement précieux aux
Sciences. J'aurai l'honneur, Monsieur, de vous informer en son
temps du résultat de ces observations lointaines ; en attendant, je vais
hasarder quelques idées & observations générales, résumées des expériences que j'ai faites jusqu'à ce moment.

1°. La variation diurne de l'aiguille aimantée est un mouvement
d'oscillation égal, régulier, que je comparerois presque à celui d'un
pendule, par lequel une aiguille, le plus fortement aimantée, le plus
librement suspendue & le mieux abritée des mouvemens de l'air ambiant, étant placée au milieu de la nuit dans le plan du méridien
magnétique (à 21 degrés environ du nord de Paris), commence le
matin à se mettre en mouvement, pour s'éloigner du nord, & s'avancer vers l'ouest de plusieurs minutes. Parvenue, vers les une heure
après-midi, à son plus grand éloignement du nord, elle reste pendant
quelque temps immobile ; puis revenant sur ses pas, & rétrogradant
l'après-midi de la même quantité dont elle s'étoit avancée le matin,
revient vers le soir au même point d'où elle étoit partie le matin.

Là, fixe & immobile pendant le reste du jour, & toute la nuit, elle ne recommence que le lendemain une nouvelle & semblable oscillation ; & c'est dans les circonstances, rares à la vérité, d'un mouvement si régulier, que l'aiguille aimantée donne ce que j'appelle *la variation diurne vraie.*

*Remarques.* Le moment où l'aiguille parvient à son plus grand éloignement, varie, à ce qu'il paroît, selon les différentes saisons, depuis midi jusqu'à trois heures ; de sorte que midi & trois heures du soir sont les limites assez exactes du moment de ce *maximum.* Celui du *minimum*, c'est-à-dire, l'instant où l'aiguille se trouve dans la position la plus proche du nord, a lieu deux fois le jour, le matin & le soir ; mais ces limites ne sont pas si régulières ; elles sont du moins plus difficiles à fixer, parce que le matin, & sur-tout le soir, sont les instans les plus sujets aux perturbations. Un plus grand nombre d'observations avec mes nouvelles aiguilles, pourra me donner par la suite des résultats plus fixes. Jusqu'à présent, il m'a semblé que c'étoit vers huit heures du matin & dix heures du soir, que l'aiguille se trouvoit le plus communément dans son plus petit écart du nord.

2°. Toutes les fois que les mouvemens de l'aiguille aimantée n'auront point cette égalité de marche que je viens de prescrire, on doit, ce me semble, regarder la variation diurne comme *troublée* & *composée* d'effets étrangers. Je la désigne alors par cette expression : *variation apparente.* En effet, rappelez-vous, Monsieur, que, dans les cas rares, où les causes perturbatrices n'ont point agi sur mon aiguille foiblement aimantée, & où elle a donné la même variation que l'autre aiguille fortement aimantée, on a remarqué alors cette égalité & cette uniformité de marche & d'oscillation.

*Remarques.* Parmi les causes perturbatrices de la variation diurne, les aurores boréales sont, sans doute, les plus fortes ; leur effet dérange absolument la direction des aiguilles aimantées qu'elles agitent en tout sens, & d'une quantité plus ou moins grande, selon la force & l'étendue du phénomène. Les aiguilles semblent même quelquefois en sentir l'effet d'avance, & quelquefois aussi cet effet se prolonge après le phénomène. J'ai lieu de soupçonner aussi quelqu'influence de la part de la lumière zodiacale ; mais je n'ai point encore assez d'observations avec mes bonnes aiguilles. Le tonnerre, les éclairs, les orages ont bien rarement de l'action sur les aiguilles ; mais le vent de nord-est & d'est m'a semblé plus d'une fois accompagner certaines irrégularités. J'ai remarqué quelquefois qu'un changement subit du beau au mauvais temps, ou du mauvais au beau, changeoit aussi la direction ordinaire de l'aiguille pour quelques jours, & qu'ensuite semblable changement la ramenoit à son premier état.

3°. La quantité de la variation diurne n'est point la même dans toutes les saisons ; il paroît qu'on fixera la plus grande à 14 minutes, la plus petite à 5 minutes.

*Remarques.* C'est en hiver que la variation diurne paroît être la plus petite. On remarque cependant qu'en été, lorsque la chaleur est considérable, la variation est nulle.

Tels sont, Monsieur, les résultats auxquels je suis parvenu jusqu'à ce moment. Un plus grand nombre d'observations, faites avec un nouveau soin, des instrumens & un coup-d'œil perfectionnés par l'expérience, les confirmeront ou les rectifieront. J'ai transporté de nouveau au fond des caves de l'Observatoire l'une de mes nouvelles aiguilles, tandis que l'autre reste dans mes cabinets supérieurs. Ces deux instrumens sont destinés à demeurer toujours dans ces deux positions ; je suis leurs mouvemens autant qu'il m'est possible. Pour rendre mes voyages souterrains utiles à plus d'un objet, j'ai placé aussi au fond des caves, à côté de la boussole, un thermomètre de température, exécuté par le sieur Morry, sous les yeux & d'après les principes de M. Lavoisier. Chaque degré de ce thermomètre a 4 pouces 3 lignes d'étendue, & se trouve divisé en cent parties ; ce qui rendra sensibles les moindres variations dans la température des caves de l'Observatoire. Si les résultats de ces nouvelles observations peuvent vous intéresser, Monsieur, & si vous les croyez dignes d'être communiqués au Public, je me ferai un plaisir de vous en faire part un jour.

Je suis, &c.

ADDITION à la précédente Lettre adressée à l'Auteur du Journal de Physique.

J'AI annoncé dans la Lettre précédente des observations compara-tives de deux boussoles placées, l'une, au fond des caves ; l'autre, dans les cabinets supérieurs de l'Observatoire. Ces observations sont trop intéressantes pour ne pas en rapporter ici les principaux résul-tats. On les trouvera dans le Tableau suivant ; j'y ajouterai que les deux aiguilles qui ont été mises en expérience, les mêmes que celles employées dans la huitième suite, étoient toutes deux d'acier fondu & prises dans la même barre, ont toutes deux été aimantées en même temps de la même manière, & le plus fortement qu'il a été possible, ayant les mêmes dimensions & étant suspendues de la même manière. Leurs mouvemens, ainsi que le montre le Tableau, a presque toujours été dans le même sens, à-peu-près le même d'un jour à l'autre ; mais on remarque cependant que celui de l'aiguille souterraine étoit généralement d'une moindre quantité, les perturba-tions agissant moins, sans doute, dans le fond des caves qu'à l'ex-térieur. Passé le 17 Mai, il n'y eut plus d'accord entre les aiguilles. L'humidité extrême des caves avoit pénétré dans la boîte, rouillé l'ex-trémité de l'aiguille, obscurci intérieurement le verre, ce qui obligea bientôt d'interrompre les observations & de tout démonter.

N'ayant pu, dans ces premières expériences, multiplier, autant que je l'aurois désiré les observations & les comparaisons, je m'étois proposé de les reprendre avec plus d'activité ; mais distrait d'abord par d'autres recherches & d'autres ouvrages, peu après, éloigné & détourné par la restauration du bâtiment de l'Observatoire, lorsqu'en-suite je me proposois de reprendre mes anciennes expériences au fond des caves, je me suis vu forcé d'y renoncer & de m'interdire même absolument l'entrée de ces souterrains, après y avoir été traîné par des gens armés, qui me soupçonnoient d'y tenir caché des armes, des poudres, des prisonniers ou des farines, mais ils n'y ont trouvé que des instrumens de physique fort innocens ; ce qui n'a pas empê-ché de renouveler depuis les mêmes soupçons & de renouveler plu-sieurs fois les mêmes visites. Il a fallu dès-lors me décider à laisser là thermomètres & boussoles, tant pour ma tranquillité que pour celle d'autrui.

TABLEAU de la comparaison du mouvement de deux aiguilles aimantées placées, l'une au fond des caves de l'Observatoire, l'autre dans les cabinets supérieurs, dans les années 1783 & 1784.

| ÉPOQUE. | | BOUSSOLE supérieure. Différ. | BOUSSOLE souterraine. Différ. | ÉPOQUE. | | BOUSSOLE supérieure. Différ. | BOUSSOLE souterraine. Différ. |
|---|---|---|---|---|---|---|---|
| | heur. | | | 1 Octobre | midi | 21 d. 27,5 | 21 d. 20,0 |
| 25 Juillet | 1 | 21 d. 30 m. 0 | 21 d. 20 m. | | | + 8,1 | + 4,8 |
| | | — 1,4 | 0 | 15 | | 35,6 | 24,8 |
| 16 | midi | 18,6 | 20 | | | — 4,6 | — 4,7 |
| | foir | —26,6 | —17,8 | 21 | | 31,0 | 20,7 |
| 33 | 26 | 52,0 | 2,2 | | | 0 | — 2,1 |
| | | +28,0 | +20,5 | 30 | | 31,0 | 18,6 |
| 17 | midi | 21 20,0 | 22,7 | | | + 2,7 | + 4,8 |
| | minuit | 6,2 | 9,0 | 1 Novembre | | 33,7 | 23,4 |
| | | +12,4 | +13,7 | | | — 2,7 | — 4,8 |
| 18 | midi | 18,6 | 22,7 | 12 | | 31,0 | 18,6 |
| | | + 8,3 | + 4,2 | | | + 1,3 | — 2,7 |
| 19 | midi | 26,9 | 26,9 | 4 Décembre | | 32,3 | 15,9 |
| | | — 9,6 | — 6,9 | | | 0 | + 4,1 |
| 30 | midi | 17,3 | 20,0 | 18 | | 32,3 | 20,0 |
| | foir | +13,7 | + 9,6 | | | — 1,3 | 0 |
| 1 Août | 1¾ | 31,0 | 29,6 | 21 | | 31,0 | 20,0 |
| | | — 4,0 | — 1,4 | | | 0 | — 1,4 |
| | 4¼ | 27,0 | 28,2 | 30 | | 31,0 | 18,6 |
| | | — 6,3 | — 6,8 | | | | |
| | midi | 30,7 | 21,4 | | 1784. | | |
| | | — 0,7 | — 0,7 | | | | |
| 3 | midi | 20,0 | 20,7 | 4 Janv. | midi½ | 21 d. 29,6 | 21 d. 1,5 |
| | foir | —11,0 | — 7,6 | | | + 2,7 | + 2,1 |
| | 11 | 9,0 | 13,1 | 8 | 1 | 32,3 | 3,6 |
| | foir | 0 | 0,08 | | | —15,0 | — 8,2 |
| 4 | 11 | 9,0 | 13,1 | | 8½ | 17,3 | 20 55,4 |
| | | + 9,6 | + 5,5 | | | +10,9 | + 4,0 |
| 5 | midi | 18,6 | 18,6 | 24 | 11½ | 28,2 | 59,4 |
| | | 0,0 | + 1,4 | | | — 4,1 | + 4,2 |
| 6 | midi½ | 18,6 | 20 | 3 Fév. | midi | 32,3 | 21 3,6 |
| | | — 2,0 | — 1,4 | | | + 6,9 | + 4,2 |
| 7 | midi | 16,6 | 18,6 | 11 | midi¼ | 39,2 | 7,8 |
| | | + 2,0 | — 1,3 | | | + 0,7 | + 6,7 |
| 8 | midi | 18,6 | 17,3 | 23 | midi | 39,9 | 14,5 |
| | | 0 | 0 | | | —24,0 | —26,0 |
| 9 | midi | 18,6 | 17,3 | | 6 h. | 15,9 | 20 48,5 |
| | | | + 1,3 | | | +23,3 | +17,9 |
| 10 | midi | 18,6 | 18,6 | 1 Mars | midi | 39,2 | 6,4 |
| | | + 1,4 | + 1,4 | | | + 6,8 | + 6,1 |
| 11 | midi½ | 20,0 | 20,0 | 5 | midi | 46,0 | 12,5 |
| | | + 1,4 | + 2,7 | | | — 5,5 | — 4,7 |
| 12 | midi½ | 21,4 | 22,7 | 19 Avril | midi | 40,5 | 7,8 |
| | foir | —13,8 | — 9,6 | | | + 5,5 | + 8,1 |
| | 11½ | 7,6 | 13,1 | 2 Mai | midi | 46,0 | 15,9 |
| | | +17,9 | +11,0 | | | —13,7 | —15,1 |
| 14 | midi½ | 25,5 | 24,1 | | 7¼ | 32,3 | 0,8 |
| | | — 6,9 | —10,3 | | | +20,6 | + 9,6 |
| | 7½ | 18,6 | 13,8 | 17 | 1¼ | 52,9 | 10,4 |
| | | +11,0 | + 7,6 | | | —17,1 | — 1,9 |
| 19 | 1 | 29,6 | 21,4 | 25 | midi | 35,8 | 8,5 |
| | | + 4,1 | + 4,1 | | | — 3,5 | + 8,8 |
| 28 | 1 | 33,7 | 25,5 | 31 | midi | 32,3 | 17,3 |
| | matin | —11,0 | — 8,2 | | | + 1,4 | — 2,8 |
| 1 Septemb. | 10 | 22,7 | 17,3 | 1 Juin | midi | 33,7 | 14,5 |
| | foir | + 3,5 | + 4,1 | | | 0 | — 9,5 |
| | 1 | 26,2 | 21,4 | 5 | 10 | 33,7 | 5,0 |
| | | + 5,4 | + 3,4 | | | 0 | —27,9 |
| 19 | 1 | 31,6 | 24,8 | 10 | midi | 33,7 | 32,3 |
| | | — 0,6 | — 3,4 | | | | |
| 24 | midi½ | 31,0 | 21,4 | | | | |
| | | + 3,5 | + 1,4 | | | | |

# DE LA DÉCLINAISON ET DES VARIATIONS
## DE L'AIGUILLE AIMANTÉE,

*Observées à l'Observatoire Royal de Paris., depuis l'an 1667 jusqu'à 1791 ;*

De l'influence de l'Équinoxe du Printemps, & du Solstice d'Été, sur la marche de l'aiguille.

### Par M. CASSINI.

A L'OCCASION d'une Lettre écrite de Londres , à l'un de nos Confrères, sur la déclinaison de l'aiguille aimantée, l'Académie a paru désirer que je lui fisse part du résultat des expériences & des observations que j'ai pu faire à ce sujet, & dont elle sait que je m'occupe depuis plusieurs années. C'est pour la satisfaire que j'ai dressé les six Tableaux suivans , que j'accompagnerai de discussions & de réflexions qui me paroîtront propres à donner des lumières & à diriger l'opinion sur l'objet dont il est question.

### §. I.

*Déclinaison de l'aiguille aimantée depuis 1667 jusqu'en 1677.*

Le premier Tableau représente la suite des observations de l'aiguille aimantée faites à l'Observatoire Royal, depuis 1667 jusqu'en 1677. Je l'ai fait avec un soin particulier en consultant les Mémoires de l'Académie, les connoissances des temps, et nos registres. J'ai marqué la date précise des observations, c'est-à-dire, le jour du mois ( car on ignoroit encore alors qu'il n'étoit pas indifférent de marquer l'heure ). J'ai rapporté le nom des Observateurs, la longueur des aiguilles, & toutes les circonstances que j'ai pu recueillir, & qui m'ont paru intéressantes ou nécessaires à un jugement & à une critique éclairée. J'y ai joint quelquefois d'autres observations faites en même temps, & non moins dignes de confiance que les premières. Enfin, je n'ai rien né-

D

gligé pour rendre ce Tableau plus exact & plus complet qu'aucun de ceux qui avoient été faits jusqu'à présent.

Cette suite de cent dix années d'observations faites dans le même lieu, peut être divisée en quatre parties. La première comprenant les observations faites par M. Picard, depuis 1667 jusqu'en 1683. La seconde, les observations faites par MM. de la Hire père & fils, depuis 1683 jusqu'en 1719. La troisième, les observations faites par M. Maraldi, depuis 1719 jusqu'en 1744. La quatrième, les observations faites depuis 1744, par M. de Fouchy, & autres. Nous croyons devoir dire un mot sur chacune de ces différentes séries.

I°. Les observations de Picard sont infiniment précieuses, en ce qu'elles fixent une grande époque pour la déclinaison de l'aiguille aimantée, celle où cette déclinaison parut nulle. En effet, dans son ouvrage de la mesure de la terre ( *Hist. Acad.* T. VII, p. 165 ), Picard rapportant que, vers la fin de l'été 1673, il avoit trouvé la déclinaison de l'aiguille aimantée de 1 degré 30 minutes, vers le nord-ouest, ajoute que cette même aiguille ( qui avoit 5 pouces de longueur ) n'avoit à Paris aucune déclinaison sensible en l'année 1666 ; & qu'en 1664, elle déclinoit vers l'est de o degré 30 minutes. A cette occasion, nous ne pouvons nous dispenser de rapporter ici ce que l'on trouve dans un Recueil de voyage de M. Thévenot, imprimé à Paris en 1681, p. 30. Voici ce que dit M. Thévenot : « Au solstice » d'été de l'année 1663, je traçai une méridienne sur un plan fixe, » afin de savoir quelle étoit alors la déclinaison de l'aimant, & être » assuré à l'avenir de ses changemens. J'avois choisi, pour ce des- » sein, une maison de campagne dans Issy, village qui a Paris au » nord, & qui en est éloigné d'une bonne lieue ; cela fut fait par le » moyen des ombres prises le matin & l'après-midi du jour du » solstice d'été, mais avec une circonstance remarquable. J'en traçai » une par cette méthode, & M. Frenicle une autre sur cette même » pierre : elles se trouvèrent toutes deux si exactement parallèles que » nos autres Mathématiciens n'y remarquèrent aucune différence : » ainsi nous demeurâmes persuadés que nous pouvions nous fier à » cette observation, & tenir cette ligne méridienne pour bien tirée. » Ayant ensuite appliqué diverses boussoles à cette ligne méridienne, » nous vîmes qu'elle ne déclinoit point en ce temps-là. »

Voilà, sans doute, une observation faite avec un grand degré d'authenticité, & qui autoriseroit à fixer trois années plutôt que, selon Picard, l'époque de la coïncidence du méridien magnétique, avec le vrai méridien. Les observations intermédiaires de 1664 ne permettent pas de supposer que l'aiguille soit restée stationnaire dans le méridien, dans l'intervalle des trois années : car, d'un côté, Picard trouvoit la déclinaison de 0 degré 40 minutes à l'est en 1664 ; tandis que de l'autre, Thévenot la trouvoit alors de plus d'un degré vers l'ouest (1). Remarquons également que les observations d'Issy, en 1667, ne s'accordent pas davantage avec celle qui fut faite en même temps par les Académiciens rassemblés le 21 Juin sur l'emplacement destiné à l'Observatoire Royal. Ceux-ci trouvèrent la déclinaison de 0 degré 15 minutes vers l'ouest, tandis que chez Thévenot, elle étoit de plus de 2 degrés. Or, comme il y a lieu de croire que dans cette occasion ce fut l'aiguille de M. Picard qui fut employée à déterminer la déclinaison à l'Observatoire, & comme il se trouve justement en 1664 & 1667 une égale différence de 1 degré 40 à 45 minutes, entre les observations d'Issy & celles de Paris, il me paroît très-démontré que cela tenoit, soit à quelque différence constante de circonstance ou de localité des deux lieux d'observations à Paris & à Issy, soit à quelque différence d'aimantation ou à quelque défaut dans la suspension qui retenoit l'aiguille de M. Picard toujours de 1 degré 40 à 45 minutes plus à l'est que les aiguilles de M. Thévenot ; & j'avoue que je penche plutôt pour cette dernière opinion. Comme en 1663, chez Thévenot, il est dit que l'on éprouva plusieurs aiguilles, qui prirent toutes la même direction, l'on voit qu'on seroit fondé à jeter quelque soupçon sur la suspension, ou sur l'aimantation de l'aiguille de Picard.

M. le Monnier, dans l'écrit cité ci-dessus, fait une réflexion très-judicieuse ; c'est qu'*il eût été à désirer, qu'à Issy, dans les années qui suivirent celle de 1663, M. Thévenot eût fait vérifier sa ligne méridienne, que la poussée des terres auroit pu altérer à chaque hiver qui suivirent le solstice d'été de l'année 1663.* En effet, nous sommes

(1) A la suite du passage cité ci-dessus, Thévenot ajoute : « J'y ai appliqué depuis, » d'année en année, les mêmes boussoles, & j'ai trouvé qu'en 1664 l'aiguille déclinoit » de plus d'un degré vers l'ouest ; en 1667, de plus de deux degrés. »

C 2

étonnés de voir qu'à Issy l'augmentation de la déclinaison a été trouvé
d'un degré entier de 1663 à 1664, c'est-à-dire, dans l'intervalle d'un
seule année ; tandis que, dans les trois années suivantes, l'augmen
tation dans le même lieu n'a été que d'un degré ; ce qui s'accord
parfaitement avec la variation donnée à Paris dans le même intervalle
de temps par l'aiguille de Picard, qui de 1663 à 1667, s'est avancé
de 55 minutes. Le dérangement, dans les méridiennes d'Issy, don
parle M. le Monnier, me paroît donc avoir eu lieu en effet, mais ce
n'a pu être que de 1663 à 1664, puisque, de 1664 à 1667, les observations de Paris & d'Issy ont une différence constante.

Notre Académicien pense aussi que l'observation faite le 21 Juin
1667, sur l'emplacement de l'Observatoire, ou la déclinaison ne se
trouva que de 15 minutes à l'ouest, a peut-être fait conclure que la déclinaison avoit dû être nulle l'année précédente 1666 ; mais rappelons-
nous que Picard dit expressément, qu'en 1666, son aiguille de 5 pouces avoit donné la déclinaison nulle, on ne peut donc pas douter que
l'époque de 1666 ait été fixée par une observation directe, & non par
estime.

Au reste, nous laisserons aux Savans, d'après ces réflexions &
celles qu'ils pourront y ajouter, à se décider entre les deux époques
de 1663 & de 1664. Quoiqu'au moment actuel où il s'est écoulé plus
d'un siècle & un quart ; cela devienne plus indifférent dans le calcul
de la variation moyenne & annuelle de la déclinaison de l'aiguille
aimantée ; néanmoins, j'ai cru intéressant de discuter ce point important, pour faire, au moins, connoître le degré plus ou moins
grand de certitude que l'on pouvoit avoir à ce sujet. Examinons actuellement la marche progressive qu'a eue l'aiguille aimantée dans ces
premiers temps.

Nous venons de voir que les observations de Picard donnoient le
mouvement de l'aiguille

de 1664 à 1667, de 0 d. 55 min.   ou par année de      19 min.
de 1667 à 1670, de 1 d. 15 min.                     25 min.
de 1670 à 1680, de 1 d. 10 min.                     7 min.

Les observations faites à Issy, chez Thévenot, donnent également
20 minutes de mouvement de 1664 à 1667 ; & 6 minutes de 1671 à
1681.

II°. La Hire commença en 1683 à observer la déclinaison. L'aiguille dont il se servit étoit un fil d'acier de huit pouces de longueur, terminé en deux pointes déliées ( *Mém. Acad.* 1716, p. 6 ), & nous voyons dans nos Mémoires pour l'année 1714, page 5, qu'il appliquoit un des côtés de sa boussole contre la face occidentale d'un gros pilier quarré de pierre de taille qui est à la terrasse basse de l'Observatoire vers le midi, la face de ce pilier étant parfaitement bien dirigée, suivant la méridienne. J'ai inutilement cherché ce pilier; il paroît qu'il n'existe plus, ou bien peut-être il a fait partie des murs de terrasse qui ont été élevés depuis.

Dans l'intervalle des trente-cinq années d'observations de MM. de la Hire pere & fils, l'aiguille aimantée a paru plusieurs fois stationnaire; savoir, en 1684 & 1685,

1697 & 1698,

1701 & 1702,

1710 & 1711.

Elle a paru rétrograde de 1714 à 1715,

de 1717 à 1718.

Mais nous réservons pour la fin de ce Mémoire, des remarques importantes sur ce que l'on doit penser de ces stations & rétrogradations indiquées par les observations anciennes.

Voici quelle a été la marche progressive de l'aiguille dans l'intervalle de ces stations, ayant soin de ne la déduire que de la comparaison des observations faites dans le même mois de l'année; ( nous discuterons aussi plus loin cette manière de déterminer les variations de la déclinaison. )

De 1685 à 1693, augmentation annuelle, 16 min. $\frac{2}{15}$.

1703 à 1709,            14 min. $\frac{9}{10}$.

1711 à 1714,            13 min. $\frac{3}{10}$.

Des observations de Cassini, faites en même temps & en même lieu, donnent également une augmentation annuelle de 15 minutes, depuis l'année 1702 jusqu'en 1710. Il paroît donc que, dans cette période de trente-cinq années d'observations de la Hire, la variation annuelle n'a jamais été aussi petite que celle qui avoit été précédemment observée de 1670 à 1680, ni jamais aussi grande que de 1664 à 1670.

III°. Après la mort de la Hire, Maraldi se chargea des observations de la déclinaison, en employant d'abord, ainsi qu'il le dit lui-même ( *Mém. Acad. 1720*, p. 2. ), l'aiguille de M. de la-Hire. Mais dès la troisième année, c'est-à-dire en 1721, il fit usage d'une autre aiguille de 4 pouces seulement de longueur ; il est curieux de remarquer ici la raison pour laquelle il préféra une aiguille moins longue & plus légère. *On a connu*, dit-il ( *Mém. Acad.* 1722, p. 6. ), *par expérience, que lorsqu'on veut se servir des grandes boussoles pour avoir les degrés plus sensibles, l'aiguille ne marque pas toujours la même déclinaison, comme elle devroit faire, dans le même jour, & comme font ordinairement les plus petites ; ce qui vient peut-être de ce que la matière magnétique qui circule autour de la grande aiguille, & la fait diriger vers le nord, n'a pas assez de force pour vaincre la résistance qu'elle fait par son poids, & l'oblige à reprendre la même direction ; ce qui nous a fait préférer les boussoles de 4 pouces à de plus grandes faites avec une égale attention.* Par ce reproche, que Maraldi faisoit aux grandes aiguilles, & cette exclusion qu'il leur donnoit pour une cause qui prouvoit leur plus grande sensibilité & devoit leur mériter la préférence, nous voyons que l'effet de cette variation diurne, si bien connu depuis, s'étoit déja fait remarquer, mais qu'on étoit loin de soupçonner qu'il fût réel.

Les premières observations de Maraldi furent remarquables en ce que la direction de l'aiguille resta la même pendant cinq années consécutives. Nous remarquons en effet que l'aiguille fut stationnaire du premier Septembre 1720 au mois d'Octobre 1725 ; elle le fut encore en 1739 & 1740, en 1742 & 1743.

De 1733 à 1737, l'aiguille parut rétrograder une année, & avancer la suivante de ce qu'elle avoit perdu ; mais les observations n'ayant pas été faites dans les mêmes mois, on ne peut être aussi sûr des résultats.

De 1726 à 1733, l'augmentation annuelle de la déclinaison a été de 17 minutes.

IV°. Pendant un intervalle de dix années, depuis 1744 jusqu'en 1754, Foucliy succéda à Maraldi qui reprit ensuite ces observations ; & dans les trois premières années, 1744, 1745 & 1746, l'aiguille parut stationnaire ainsi qu'en 1757 & 1758. Dans l'intervalle de ces deux stations, on voit que

de 1746 à 1757, l'augment. ann. de la déclinaison, a été de 9 min. $\frac{4}{10}$.

de 1760 à 1771, 7 min. $\frac{1}{10}$.

la même qui avoit eu lieu anciennement de 1670 à 1680.

Nous ne pouvons nous empêcher de remarquer qu'il se trouve 1 degré d'augmentation, ou plutôt de différence, entre la dernière déclinaison observée en 1743 par Maraldi, & la première observée en 1744 par Fouchy. Ce qui donneroit à soupçonner que ce n'est point la même aiguille dont ce dernier s'est servi, ou qu'il n'a peut-être pas placé sa boussole dans le même endroit ou de la même manière. Il est étonnant que Fouchy n'ait rien dit dans ses Mémoires qui puisse éclairer sur ce fait ; mais nous devons croire que cette augmentation subite de plus d'un degré d'une année à l'autre, dans la direction de l'aiguille, tient à l'erreur de l'observation & au changement ou d'instrument ou d'Observateur.

Au sujet de la position de la boussole, nous croyons intéressant de consigner ici l'anecdote suivante. Nous avons vu que la Hire appuyoit la boîte de sa boussole contre un pilier de pierre de taille dont un côté étoit parfaitement dressé dans le méridien. Maraldi en continuant la suite des observations de la Hire, a eu soin de prévenir qu'il s'est servi des mêmes instrumens que son prédécesseur; en les plaçant dans les mêmes lieux. Il est donc à croire que Maraldi posa sa boussole contre le pilier dont il fait mention ci-dessus, tant qu'il exista.

Mais voici un fait que je puis encore assurer, c'est que depuis l'année 1765, où je me suis occupé d'observations, j'ai toujours vu M. Maraldi, mon père, & tous ceux qui sont venus éprouver des aiguilles aimantées à l'Observatoire, les poser sur une méridienne tracée sur le revêtement ou parapet du mur occidental de la grande terrasse du jardin, qui est de plein pied au premier étage de l'Observatoire. Cette méridienne, m'a-t-on dit, avoit été très-anciennement tracée, & en avoit tout l'air : comme elle étoit à moitié effacée, je l'ai renouvellée, & m'en suis servi moi-même jusqu'en 1777, où j'ai fait un autre établissement, dont je parlerai tout-à-l'heure. Je veille d'ailleurs à sa conservation ; & pour que ceux qui, dans la suite, voudroient y rapporter leurs boussoles, puissent la retrouver ; je dirai qu'elle est placée à 69 pieds de la pointe sud du mur de la terrasse, sur la quinzième pierre du parapet.

Passons actuellement à l'autre Tableau.

§. I I.

*Déclinaison de l'aiguille aimantée depuis 1777 jusqu'en 1791.*

Le second Tableau offre une suite d'observations moins nombreuses que le précédent ; mais qui ont, sur les anciennes, l'avantage qui appartient, en général, aux observations modernes, celui d'être faites avec des instrumens plus perfectionnés, avec plus de scrupule, & par des Observateurs dont l'expérience & les propres connoissances sont augmentées de celles précédemment acquises.

C'est à M. le Monnier, notre confrère, que l'on est principalement redevable de ces nouvelles recherches sur la déclinaison de l'aiguille aimantée dans ces dernières années.

Dès 1772, M. le Monnier s'étoit attaché à déterminer, avec une nouvelle exactitude, la déclinaison par des observations qu'il faisoit au Temple, dans le vaste jardin de M. le Prince de Conti. Il posoit sa boussole sur un fût de colonne en piédestal, & par le moyen de pinnules qui y étoient adaptées & qu'il pointoit, tantôt à la tour la plus australe du Temple, tantôt à un point de mire placé au sud sur un mur opposé, il déterminoit la déclinaison de l'aiguille par les azimuths du Soleil. ( *Mém. Acad.* 1774, p. 237. )

Le Prince étant mort, & M. le Monnier craignant de n'avoir plus la même liberté & la même commodité pour faire ses observations dans ce lieu, je lui offris de transporter son établissement à l'Observatoire, où je me proposois de continuer la suite intéressante des observations de l'aiguille aimantée, qui y avoient été commencées & suivies depuis plus d'un siècle, mais qui y avoient été négligées depuis trois ans. Nous fîmes donc transporter la colonne, des jardins du Temple, à l'Observatoire le 15 Avril 1779, & le 29, elle fut solidement assise sur une fondation de moëllons, dans la partie sud-ouest du jardin en terrasse qui se trouve de plein-pied au premier étage, à un éloignement d'environ trente-six toises du bâtiment. Cette distance étoit,

étoit, sans doute, suffisante pour que le fer qui pouvoit se trouver dans les voûtes, & celui qui formoit alors la carcasse des croisées du bâtiment, ne pussent altérer la direction de l'aiguille.

Cette colonne étant établie, nous jugeâmes qu'au lieu de chercher à tracer une méridienne sur sa base supérieure, il valoit mieux en déterminer la direction, par rapport à la méridienne de l'Observatoire, & à quelqu'objet fort éloigné pris dans l'horison, dont la déviation du méridien de la colonne étant une fois déterminée, serviroit d'un excellent point de mire. La pyramide de Montmartre nous étant cachée par le bâtiment du Château d'eau, nous choisîmes pour point de mire l'axe du cône qui porte le troisième moulin vers l'ouest proche de la pente de la montagne.

Voici les mesures par lesquelles nous avons déterminé avec toute l'exactitude requise, la direction C Z du méridien de la colonne, & les angles Z C L, Z C P, qu'il fait avec le moulin & la pyramide. ( *Planche première, fig. 4.* )

| | | pieds | pouc. | lignes. | | | pieds | pouc. | lignes. |
|---|---|---|---|---|---|---|---|---|---|
| C M ⎰ mesurés directement | | 105 | 10 | 4,7 | donc C N | | 106 | 10 | 7,7 |
| M O ⎱ | | 201 | 0 | 3,0 | N P 17766 | | | 1 | 3,0 |

| | | pieds | pouc. | lignes. |
|---|---|---|---|---|
| P S *Voyez* Mérid. vérif. ⎰ | | | | |
| M N ⎱ | .... 1 | 0 | 3,0 | |

| | | toifes | | | | d. | m. | s. |
|---|---|---|---|---|---|---|---|---|
| O S | | 2927 $\frac{1}{8}$ | | | C P N ou Z C P | 0 | 20 | 41 |
| L C P | | 0 d. 52 m. | | | Z C L | 0 | 31 | 2 |

On a donc l'azimuth du moulin à l'ouest du méridien de la colonne, de 0 d. 31 min. 20 sec. Or, la boussole que M. le Monnier a fait construire, & dont il a donné la description dans les Mémoires de l'Académie ( année 1778, p. 68 ), est montée sur un chassis de cuivre rouge, auquel sont adaptés une lunette & un limbe de onze pouces & demi de rayon, par le moyen desquels on mesure au degré & à la minute, l'angle *a c m* entre les directions *a b* de l'aiguille, & *o m* du moulin, sur lequel se pointe la lunette. Y ajoutant l'azimuth *m* C Z du moulin déterminé ci-dessus, on a l'angle *a c z* de la déclinaison de l'aiguille.

On peut juger combien cette manière de déterminer la déclinaison de l'aiguille aimantée est préférable à celle qui étoit précédemment

E

en usage , en appliquant l'une des faces d'une boussole de 4 ou
6 pouces de diamètre, sur une méridienne d'un ou deux pieds de
longueur, ou contre un pilier bien orienté.

L'aiguille de M. le Monnier a 15 pouces de longueur, & 4 lignes de
largeur ; elle pèse 1446 grains, & a été aimantée à saturité avec les
plus forts aimants. Après ces détails préliminaires que j'ai cru devoir
consigner ici , venons au résultat des observations.

M. le Monnier, dans différens écrits , & récemment à une de nos
précédentes séances, a déja rapporté partiellement les principales
observations qu'il a coutume de venir faire une ou deux fois
l'année sur notre colonne. Mais comme, à différentes fois, il a bien
voulu me confier sa boussole, j'ai fait un grand nombre d'observations suivies pendant plusieurs jours en différens temps, & quelquefois
pendant des mois, pour reconnoître les divers mouvemens de l'aiguille en différens temps de l'année ; ces observations, tant parti-
culières que celles faites de concert avec M. le Monnier, composent
le second Tableau , dont l'inspection attentive offre les remarques &
les résultats suivans :

1°. De 1777 à 1791 , la déclinaison de l'aiguille aimantée a généralement été toujours en augmentant.

2°. Si l'on prenoit indistinctement la variation moyenne qui a
eu lieu pendant ces quatorze années, on auroit 7 minutes pour la
quantité annuelle moyenne dont l'aiguille s'est avancée vers l'ouest.
Mais, en ne combinant que les observations qui sont comparables
entre elles, on reconnoît très-évidemment, par un milieu entre un
très-grand nombre de résultats fort d'accord entre eux, que la variation a été inégale, & que

de 1777 à 180, l'augmentat. ann. de la déclinaison , a été de 7 min.
de 1780 à 1783, 11 min.
de 1783 à 1790 , 7 min.

3°. Les observations que j'ai faites pendant plusieurs jours de
suite, & presque des mois entiers, font voir que cette augmentation de la déclinaison de l'aiguille ne se fait point par un mouvement progressif & continu de l'aiguille vers l'ouest , mais par une
espèce de balancement, que je comparerois presque à celui des
aiguilles à secondes de certaines pendules, qui ont un recul à

chaque battement ; c'est, au reste , ce que fera connoître bien
plus évidemment, un nouveau genre d'observations dont je me suis
occupé , & qui va faire le sujet du paragraphe suivant.

### §. I I I.

*Variations & direction de l'aiguille aimantée dans son maximum.*

Les derniers Tableaux renfermant les résultats d'un genre d'observations particulier & nouveau , je dois entrer dans les détails
nécessaires pour leur intelligence : je me proposois depuis long-
temps de les consigner dans nos Mémoires ; je n'ai tardé que par le
désir d'accumuler toujours un plus grand nombre d'observations ,
& de pouvoir présenter à l'Académie un plus grand ensemble de
résultats.

Les Physiciens , qui se sont adonnés aux observations de l'aiguille
aimantée , ont bientôt reconnu combien la plus ou moins grande
perfection de la suspension de l'aiguille , influoit sur les résultats
de l'observation. Les Savans & les Artistes se sont beaucoup
occupés des moyens de diminuer , autant qu'il est possible , le frottement dans la suspension qui , quelque petit qu'il soit , est toujours
un obstacle à la liberté absolue si nécessaire à l'aiguille pour prendre & suivre sans résistance toutes les directions , que tend à lui
donner le courant du fluide magnétique. Cet objet mérita l'attention
de l'Académie , elle en fit le sujet du prix proposé en 1775 , & renou-
velé en 1777. Ce fut , à cette occasion , que M. Coulomb , auteur
d'une des pièces couronnées , proposa de suspendre l'aiguille à un fil
de soie de cocon , de 15 à 20 pouces de longueur , dans lequel on
auroit détruit préalablement toute torsion. Cette nouvelle suspension
me parut plus simple & plus propre qu'aucune de celles qui avoient
été imaginées jusqu'alors , à laisser à l'aiguille toute la liberté &
toute la sensibilité dont elle est susceptible. Je me hâtai donc de
faire construire , sur ce principe , plusieurs boussoles avec lesquelles
j'ai fait, depuis onze ans, des expériences & des observations de
toute espèce. J'ai en outre éprouvé des aiguilles que m'a procurées
M. Coulomb, de différentes matières , de différentes longueurs ,
de différentes épaisseurs , tantôt fortement & tantôt foiblement

B 2

aimantées (1). J'ai observé leurs mouvemens à toutes les heures du jour, dans tous les temps de l'année. Je les ai descendues & observées au fond des caves. Enfin, après avoir, par expérience, fixé mon choix sur la meilleure aiguille, le meilleur ajustement de boussole, & la meilleure manière d'observer, j'ai commencé une suite d'observations sur les mouvemens diurnes de l'aiguille aimantée, que j'ai continuées assidument & sans interruption, depuis le mois de Mai 1783 jusqu'à ce jour. Je me bornerai à rendre compte ici de ceux des résultats de ces huit années d'observations, qui sont le plus intéressans, & qui ont un rapport direct à l'objet principal de ce Mémoire.

Pour éviter une longue description, j'ai représenté dans la *figure première* de la planche ci-jointe, ma boussole & tout son équipage. Ce n'est autre chose qu'une boîte de plomb, en forme d'équerre, assise sur un bloc de pierre, dans lequel même elle est incrustée; dans la branche verticale de la boîte, est le fil de suspension, ajusté comme on le voit *figure seconde*. La branche horisontale renferme l'aiguille, dont on peut apercevoir le bout par une ouverture quarrée pratiquée à l'extrémité, & recouvert d'une glace, au-dessus de laquelle s'élève un microscope & un micromètre, par le moyen desquels on observe la marche & on mesure les moindres mouvemens de l'aiguille. La *figure troisième* représente cette aiguille suspendue à un fil de soie, dont j'ai détruit la torsion par le procédé suivant que je vais décrire, après avoir donné les dimensions de mon aiguille dont la matière est d'acier fondu.

|  | pieds | pouc. | lignes. |
|---|---|---|---|
| Longueur totale, | 1 | 0 | $1\frac{1}{4}$. |
| Épaisseur, |  | 0 | $\frac{1}{3}$. |

|  | onces | grains. |
|---|---|---|
| Poids total de l'aiguille avec son contrepoids & son anneau de suspension, | 4 | $2\frac{1}{4}$. |

|  | pouc. | lignes. |
|---|---|---|
| Distance du point de suspension à l'extrémité de l'aiguille, | 9 | 1 |

D'après le poids connu de mon aiguille, j'ai déterminé, au moyen d'un plomb de même pesanteur, le nombre de brins de cocons suffi-

_____

(1) J'ai rendu compte de ces premières expériences dans le Journal de Physique du mois d'Avril 1784.

sant, pour pouvoir porter sans rompre un pareil poids.; & nouant ensuite par les deux bouts tous ces brins de la longueur d'environ deux pieds ; j'ai ajusté un crochet à chaque extrémité. Dans cet état, j'ai suspendu mon fil de plusieurs brins à un anneau fixe, par la partie supérieure ; & au bout inférieur, j'ai accroché un plomb, pesant seulement une once : au bout d'une heure, j'y ai ajouté un second poids d'une once, & quand il s'est trouvé chargé d'environ 4 onces & demie, plus qu'équivalent à celui de mon aiguille, je l'ai laissé dans cet état pendant vingt-quatre heures, au bout desquels, pour réunir tous ces brins en un seul fil, je les ai passés plusieurs fois dans toute leur longueur entre mes doigts trempés dans une légère eau gommée ; dans cet état, j'ai laissé mon fil suspendu pendant vingt-quatre heures, au bout desquelles, pour dernière façon, j'ai encore passé le fil entre mes doigts graissés avec un peu de suif, afin de le rendre moins susceptible de l'effet de l'humidité.

Le fil de suspension étant ainsi préparé, coupé à la longueur requise, & accroché dans la boîte mise dans le plan du méridien magnétique, représenté *fig.* 2, j'ai eu soin, avant d'y suspendre l'aiguille aimantée, de mettre un plomb d'égal poids à sa place ; d'examiner, au bout d'un certain temps, la position qu'affecteroit le crochet inférieur de suspension *c*, & par le moyen de la vis supérieure V, j'ai tourné tout le système de suspension du fil & des crochets dans le sens favorable, pour que l'aiguille y étant suspendue, & venant à prendre sa direction naturelle, n'eût aucune torsion à faire éprouver au fil. De cette manière, je crois qu'il est impossible de supposer aucun obstacle du côté de la torsion du fil, ni de procurer aux aiguilles aimantées une suspension plus libre. Venons aux observations.

Une aiguille aimantée à saturation & ainsi suspendue, prend bientôt la direction que lui prescrit la force à laquelle elle est soumise : mais cette direction n'est pas toujours la même, elle varie à différentes heures du jour. Soit P N le méridien de Paris ; M N le méridien magnétique, & l'angle P N M de 22 degrés, tel qu'il se trouve en ce moment ; de midi à trois heures, l'aiguille se tenant dans la direction M N restera sans mouvement ; se rapprochant ensuite du pôle jusqu'aux environs de huit heures du soir, elle s'arrêtera en *m'*, & là, restera stationnaire toute la nuit & jusqu'au lendemain huit heures

au matin, ou prenant une direction contraire, elle s'éloignera du
pôle à-peu-près de la même quantité dont elle s'en étoit rapprochée
la veille, & parvenu en M' vers midi, elle y restera stationnaire
pendant deux ou trois heures, pour rétrograder ensuite dans l'après-
midi, à-peu-près de la même quantité dont elle s'étoit avancée le
matin, & parvenue le soir en m', elle y redeviendra stationnaire
jusqu'au lendemain matin, où elle recommencera son mouvement,
pour ainsi dire, oscillatoire, très-comparable à celui du pendule qui
vient & revient sans cesse.

Telles sont les circonstances générales de ce qu'on appelle *le mouvement* ou *la variation diurne de l'aiguille aimantée* : elles étoient
déja connues avant nous, & dès le milieu de ce siècle, nous ne
prétendons autre chose, sinon d'avoir pu, par une attention plus
grande, par des observations plus scrupuleuses, & sur-tout par le
secours de l'excellente suspension & des bonnes aiguilles que nous
a procurées M. Coulomb, déterminer plus exactement la quantité de
ces variations, leurs inégalités, & particulièrement certaines circonstances & certaines lois dans la marche générale de l'aiguille
aimantée qui pourront peut-être par la suite donner de grandes
lumières sur les causes d'effets aussi singuliers. Entrons maintenant
en matière.

Nous venons de voir qu'entre midi & trois heures du soir, l'aiguille se trouve en M dans sa plus grande digression vers l'ouest, &
forme par conséquent le plus grand angle avec le méridien PN ;
nous dirons donc dorénavant que, dans cette position, l'aiguille est
dans son *maximum ;* & lorsqu'en rétrogradant elle se trouve en m'
dans sa plus petite digression du méridien, & fait le plus petit angle
avec le méridien PN, ainsi qu'il arrive dans la soirée & pendant la
nuit, nous dirons alors que dans cette position, l'aiguille est dans son
*minimum.* La différence du *maximum* au *minimum*, ou la totalité
de l'arc M m décrit par l'aiguille du matin au soir, est la véritable
variation diurne. Voici donc trois circonstances à remarquer dans le
mouvement de l'aiguille : savoir, la *direction dans le* maximum MN ;
la *direction dans le* minimum mN, & la *variation diurne* M m.
C'est aussi ce que présentent les trois derniers Tableaux ci-joints, dont
nous allons l'un après l'autre examiner & discuter les résultats.

Le premier Mai 1783, mon aiguille ayant été suspendue & mise

en expérience dans sa boîte, je n'ai cessé jusqu'au premier Janvier
1789, c'est-à-dire, pendant cinq ans & demi, d'observer tous les jours
entre midi & trois heures, sa direction dans le *maximum*. Or, l'on
sent parfaitement que si l'aiguille aimantée (*fig. 6.*) n'avoit d'autre
mouvement que cette oscillation diurne dont nous venons de parler,
ses directions M N dans le *maximum* & *m* N dans le *minimum*,
seroient toujours à-peu-près les mêmes, & l'oscillation se trouveroit renfermée dans certaines limites, telles que l'angle M' N *m'*; mais comme
l'aiguille a, depuis un siècle, un mouvement général de progression
annuelle vers l'ouest, qui l'éloigne d'année en année du pôle du
monde & du méridien P N, nécessairement la direction journalière
de l'aiguille dans les deux termes du *maximum* & du *minimum*, doit
insensiblement, de mois en mois, s'écarter du premier point du
départ M', *m'*, où cette aiguille aura une fois été placée, & prendre
les positions M', M'', *m'*, *m''*. C'est précisément ce que montre le
troisième Tableau, dans lequel on voit la direction moyenne du
*maximum* de l'aiguille aimantée déterminée quatre fois par mois,
par les observations journalières de chaque semaine ou huitaine,
entre lesquelles prenant un milieu, j'ai eu par conséquent la direction moyenne pour le 4, le 12, le 20 & le 27 de chaque mois.
Ces résultats nous fournissent les réflexions & les remarques suivantes :

1°. L'aiguille aimantée ne se meut en général, soit d'année en
année, soit de mois en mois, soit de semaine en semaine, soit de
jour en jour, que par un mouvement oscillatoire, c'est-à-dire, en
avançant & reculant sans cesse ; c'est pour mieux en convaincre &
rendre plus sensible aux yeux, l'inégalité & la singularité de cette
marche alternativement progressive & rétrograde, que j'en ai déve-
loppée la trace dans la planche seconde.

2°. Le plus grand arc, ainsi parcouru dans l'intervalle de huit
jours de semaine en semaine, est fort inégal, & presque toujours
au-dessous de 3 minutes. Rarement s'élève à 5 minutes de degrés,
quand il surpasse cette quantité, il faut l'attribuer à quelque perturbation particulière.

3°. Le plus grand arc, parcouru dans chaque mois, varie de 4
à 8 minutes. Il paroît que c'est ordinairement dans les mois de
Mai, Juin, Juillet & Août, qu'il est le plus grand.

4°. Le plus grand arc parcouru par l'aiguille dans le courant de chaque année, est aussi variable. Il a été depuis 17 jusqu'à 23 minutes dans nos cinq années d'observations, ainsi que le montre la Table suivante.

En 1784, l'arc compris entre les deux directions extrêmes, ou la plus grande variation dans l'année, a été de      o d. 19 m. 3 s.

| | | |
|---|---|---|
| 1785, | 16 | 59 |
| 1786, | 18 | 46 |
| 1787, | 23 | 1 |
| 1788, | 23 | 1 |

5°. La progression de l'aiguille vers l'ouest, c'est-à-dire, la quantité réelle dont elle s'éloigne du pôle du monde chaque année, plus que la précédente, ou ce qu'on appelle la variation annuelle de la déclinaison de l'aiguille, n'est point égale ni uniforme, selon nos observations. Elle a été depuis 5 jusqu'à 18 minutes ; on ne doit déterminer cette quantité qu'en comparant d'une année à l'autre, ou les directions les plus occidentales ensemble, ou les directions les plus orientales, ainsi qu'on le voit dans la Table suivante.

*Variation ou progression annuelle des plus grandes digressions occidentales.*

| | | |
|---|---|---|
| Du 28 Décembre 1784 au 20 Décembre 1785, | 16 min. | 43 sec. |
| Du 20 Décembre 1785 au 28 Avril 1786, | 9 | 2 |
| Du 28 Avril 1785 au 20 Mars 1787, | 18 | 13 |
| Du 20 Mars 1787 au 4 Avril 1788, | 5 | 20 |
| | 49 | 18 |

*Variation ou progression annuelle des plus grandes digressions orientales.*

| | | |
|---|---|---|
| Du 4 Juillet 1784 au 20 Juin 1785, | 17 min. | 23 sec. |
| Du 20 Juin 1785 au 20 Juin 1786, | 6 | 2 |
| Du 20 Juin 1786 au 4 Janvier 1787, | 15 | 12 |
| Du 4 Janvier 1787 au 12 Février 1788, | 5 | 20 |
| | 43 | 57 |

D'où

D'où l'on voit que l'on s'étoit flatté en vain jusqu'à présent de déterminer la variation annuelle de la déclinaison de l'aiguille aimantée par des observations faites une ou deux fois l'année à des époques prises au hasard. Il y a plus, c'est qu'en ayant même attention de choisir ou de faire les observations dans les mêmes mois, on n'obtenoit encore le plus souvent que des résultats très-imparfaits. Il suffit de jeter les yeux sur notre Tableau, pour être convaincu de cela. En effet, pour ne citer ici que quelques exemples plus frappans, en 1784 & 1785, la direction de l'aiguille déterminée à même époque du 4 Février, donneroit une variation annuelle de 21 minutes; tandis que par les époques du 4 Mai de chaque année, on ne trouveroit que 13 minutes. En 1785 & 1786, les époques du 4 Juin ne donneroient qu'une minute 7 secondes de variation annuelle, tandis que celles du 4 Janvier auroient donné 13 minutes 2 secondes. Enfin, en 1787 & 1788, les époques du 4 Mars eussent donné une rétrogradation vers l'est de 5 minutes 2 secondes, tandis que celles du 4 Novembre auroient donné, au contraire, une avance vers l'ouest de 20 minutes.

Remarquons encore que si l'on eût observé la déclinaison dans la première semaine de Mai, dans la seconde d'Octobre, & dans la dernière de Décembre 1783, ainsi que dans la dernière semaine de Janvier & de Juin de l'année suivante 1784, on eût trouvé la variation nulle, & d'après ces cinq observations, faites en diverses raisons, l'on se fût cru très en droit de conclure que pendant plus d'un an l'aiguille aimantée avoit été stationnaire. Cependant on voit qu'elle a réellement eu dans le même intervalle un mouvement de 12 min. 7 sec. vers l'est, & de 10 min. 3 sec. vers l'ouest, en total 22 min. de variation; ce qui est fort loin d'avoir été stationnaire. Au reste, nous montrerons tout-à-l'heure qu'il y a deux époques, dans chaque année, où l'on doit toujours trouver l'aiguille stationnaire.

Ces exemples, que nous pourrions multiplier à l'infini, suffisent pour nous faire juger de ce que nous devons penser de la plupart des stations fréquentes remarquées plus haut, d'après les anciennes observations faites le plus souvent au hasard à des époques nullement choisies ni comparables, avec des aiguilles en général trop petites, vicieuses peut-être dans leur construction & leur aimanta-

F

tion, & dont par conséquent les résultats ne peuvent être admis ni à confirmer ni à infirmer ceux que nous présentons ici, & que nous obtenons depuis quelques années, avec de grandes & excellentes aiguilles, de la suspension la plus libre & dont les moindres mouvemens sont mesurés au moyen d'un micromètre, & par des observations continues & journalières.

Notre assiduité à suivre les variations de l'aiguille aimantée, nous a mis dans le cas de pouvoir rechercher s'il n'y auroit pas dans les mouvemens & la marche de l'aiguille, quelque loi, quelque période. Voici ce que nous avons pu jusqu'ici découvrir, & ce que le tracé de la planche seconde fera même voir d'une manière singulière & frappante.

1°. Dans l'intervalle du mois de Janvier au mois d'Avril, l'aiguille aimantée s'éloigne assez généralement du pôle, & la déclinaison est croissante de mois en mois.

2°. Vers le mois d'Avril, l'aiguille ne manque jamais de se rapprocher du pôle, c'est-à-dire, qu'elle devient rétrograde, la déclinaison décroissant de mois en mois, jusques vers le solstice d'été, après quoi l'aiguille reprend son chemin vers l'ouest, & ce qu'il y a de particulier, elle se retrouve toujours vers le commencement d'Octobre à-peu-près au même point, où elle étoit dans le commencement de Mai; c'est, du moins, ce qui n'a jamais manqué d'arriver pendant six révolutions de suite que nous avons observées : ces deux époques sont très-remarquables.

3°. Après le mois d'Octobre, l'aiguille continue sa route vers l'ouest, mais ne décrit plus un aussi grand arc, & dans ces trois derniers mois de l'année, elle atteint communément son *maximum* de direction, en se balançant dans les limites d'un arc de 5 à 6 minutes.

Il paroîtroit donc que les mouvemens de l'aiguille aimantée sont influencés par les positions du Soleil, dans l'équinoxe du printemps & le solstice d'été, c'est ce que montre d'une manière évidente le sixième Tableau, & mieux encore le tracé, *figure 2* de la planche seconde, dans lequel, en mettant de côté les petits balancemens de l'aiguille, j'ai réduit la marche à des lignes droites. Et voici la loi assez particulière que je crois avoir découverte, entre une équinoxe du printemps & le solstice d'été suivant, la marche générale de l'aiguille est rétrograde (1) ; & entre le solstice d'été & l'équinoxe du printemps suivant, la marche générale de l'aiguille est directe ; & l'arc de progression, décrit dans le cours de neuf mois, étant beaucoup plus grand que celui de rétrogradation décrit pendant environ trois mois seulement, il en résulte une augmentation annuelle dans l'angle de la déclinaison.

Telles sont les circonstances générales de la marche de l'aiguille aimantée dans chaque année, aux exceptions près causées par des perturbations & par ces balancemens perpétuels qui paroissant être de l'essence du mouvement de l'aiguille aimantée, sembleroient indiquer qu'elle est soumise à l'attraction simultanée de deux forces opposées & inégales, dont la plus forte l'attire vers l'ouest, & occasionne cette progression que l'on remarque depuis plus d'un siècle ; mais si par la suite cette dernière force venoit à s'affoiblir, ou l'autre à s'accroître, il est visible qu'alors les balancemens vers l'est l'emporteroient sur les balancemens vers l'ouest, & l'aiguille deviendroit rétrograde d'année en année.

C'est une chose, sans doute, assez particulière & digne de remarque, que le solstice d'hiver & l'équinoxe d'automne soient, pour ainsi dire, indifférens à l'aiguille, n'interrompant nullement sa marche générale vers l'ouest ; mais que l'équinoxe du printemps l'en détourne pour la faire rétrograder vers l'est, jusqu'à ce que bientôt après le solstice d'été la ramène dans le premier état. Je ne m'occuperai point encore ici de chercher la cause de faits aussi singuliers ; il me suffit pour ce moment de bien constater leur existence. En voici une nouvelle confirmation.

Après avoir accompli une suite d'observations de 5 années & demie, je résolus d'en recommencer une seconde, en changeant de place ma boussole & lui donnant un nouvel établissement encore plus solide. Je conservai la même aiguille & la même boîte, mais j'eus le scrupule de substituer un micromètre de cuivre rouge à celui de cuivre jaune qui m'avoit servi jusqu'alors. De plus, j'incrustai dans le pavé qui, comme

---

(1) Par la marche générale de l'aiguille, il faut entendre le chemin qu'elle se trouve avoir parcouru dans le même sens au bout d'un certain temps par le résultat ou la différence de ses divers mouvemens en sens contraire, mais dont l'un l'emporte toujours sur l'autre, & finit par entraîner l'aiguille ou vers l'est, ou vers l'ouest.

l'on sait à l'Observatoire, est porté sur une voûte, le bloc de pierre qui portoit ma boussole, de sorte qu'au cas où l'on viendroit à le heurter, ce qui m'étoit arrivé deux fois précédemment, il n'en arrivât aucun ébranlement ni dérangement à l'aiguille. Le premier Janvier 1789, ayant pris un nouveau point de départ, je recommençai mes observations qui ont été suivies jusqu'à ce jour, c'est-à-dire, pendant trente mois avec la même constance & le même soin. Mais je le dois dire, une malheureuse inadvertance a pensé me faire perdre entièrement mes peines, & me réduiroit à passer sous silence ou à oublier cette nouvelle suite d'observations, si partiellement elles n'offroient quelques résultats curieux à faire connoître. Je dirai donc d'abord que dans les onze premiers mois de cette seconde suite, c'est-à-dire, depuis le premier Janvier 1789 jusqu'à la fin de Novembre de la même année, les lois du mouvement de l'aiguille aimantée, ci-dessus mentionnées, eurent fidellement lieu. En effet, la direction du *maximum*, partant de zéro au premier Janvier, se trouva accrue le 21 Mars de 8 minutes 7 secondes vers l'ouest; mais le 21 Juin suivant, elle n'étoit plus que de 6 secondes vers l'est: voilà donc, comme nous l'avons prescrit, l'aiguille directe entre le solstice d'hiver & l'équinoxe du printemps, rétrograde entre l'équinoxe du printemps & le solstice d'été. Enfin, dans les mois de Juillet, Août & suivans, elle reprit son mouvement direct comme cela devoit être, & déja, vers la fin de Novembre 1790, la direction de son *maximum* étoit arrivé à 15 minutes vers l'ouest, lorsque, tout-à-coup, au commencement du mois de Décembre, la position de l'aiguille se trouva dérangée par l'évènement que je vais rapporter.

Ayant fait construire pour l'essai d'objectifs à long foyer des tuyaux de lunettes de fer blanc, un de ces tuyaux, d'environ quinze pieds, fut apporté dans la même salle où étoit ma boussole; & comme sa longueur le rendoit assez gênant à placer, on s'avisa de le suspendre en l'air par un bout, appuyant de l'autre sur une table placée en arrière de la boussole à une certaine distance : on eût pu s'apercevoir presqu'aussitôt du dérangement subit qu'éprouva dès-lors la direction de l'aiguille qui fut repoussée de 13 minutes vers l'est. Mais, premièrement, de pareils effets ayant deja eu lieu par d'autres causes dont nous parlerons bientôt, on n'y fit point attention; en second lieu, dans des recherches de cette espèce, on ne s'occupe pendant long-temps que de multiplier les observations, & ce n'est qu'à certaines époques, que l'on se met à recueillir, examiner & comparer les résultats, & que l'on peut par conséquent s'apercevoir des contradictions & des erreurs ; enfin, nous pourrions ajouter qu'à l'époque de la fin de l'année 1789, il étoit pardonnable de remettre à un temps plus calme des discussions & des recherches de ce genre.

Quoi qu'il en soit, ce ne fut qu'au bout de cinq à six mois que je m'aperçus & fus convaincu du mauvais effet de la présence du tuyau suspendu sur mon aiguille ; je fis alors des expériences directes en ôtant & remettant le tuyau : aussitôt mon aiguille avançoit & reculoit d'une quantité constante d'environ 25 minutes. Cet effet, bien constaté, je remontai de mois en mois, & je découvris bientôt que c'étoit au commencement de Décembre qu'avoit eu lieu ce dérangement dans la position de mon aiguille. Mais ce qu'il y a de particulier, c'est qu'alors, dans le commencement, cet effet avoit été moitié moindre, c'est-à-dire, que la présence du tuyau ne repoussoit l'aiguille en Décembre 1789, que d'environ 13 minutes dans l'est, pendant qu'en Mai 1790, il la repoussoit de 25 minutes ; ce qui feroit soupçonner que ce tuyau, ainsi suspendu à-peu-près dans le méridien magnétique, a pu s'aimanter petit-à-petit, & acquérir progressivement une plus grande force magnétique & une plus grande action sur notre aiguille. Telle fut ma première idée.

A la vérité, il faut faire attention que l'action du tuyau, dans le mois de Décembre, a eu à vaincre la force naturelle qui entraînoit l'aiguille dans l'ouest, tandis qu'en Mai elle avoit lieu dans le même sens que la marche rétrograde de l'aiguille ; qu'en conséquence, l'effet résultant a été dans le premier cas la différence de deux forces, & dans le second, leur somme. N'oublions pas de dire, que malgré ce petit dérangement accidentel de l'aiguille, causé par la présence du tuyau de fer blanc, la marche rétrograde de l'aiguille a eu lieu, comme de coutume, entre l'équinoxe de Mars & le solstice de Juin 1790, & pareillement dans la présente année 1791. Il me paroît donc impossible de révoquer en doute actuellement les lois que nous avons établies & qui ne se sont point démenties pendant huit années consécutives. Il nous reste à examiner si les mêmes effets ont eu lieu dans les directions du *minimum* de l'aiguille : mais je crois auparavant devoir dire un mot des perturbations que j'ai déja annoncées plus d'une fois dans ce Mémoire, & sur lesquelles il est important de faire connoître quelques faits assez curieux.

## §. I V.

### *Des perturbations qu'éprouve l'aiguille aimantée.*

Du moment où, par une attention & des observations presque continuelles, nous eûmes reconnu dans les mouvemens de l'aiguille, soit diurnes, soit annuels, une régularité & de certaines lois, nous dûmes regarder comme extraordinaires, comme étrangers à l'effet & à la cause générale, tous les mouvemens qui s'en écartoient, & ce n'est même qu'en sachant bien discerner ceux-ci que nous avons pu parvenir à démêler les mouvemens réels de l'aiguille & en indiquer les lois, comme nous l'avons fait ci-dessus. Lorsque, dans la journée, l'aiguille recule tout-à-coup, ou plus que de coutume, de sa direction ordinaire, lorsqu'elle rétrograde dans les temps où elle doit être directe, lorsqu'elle est directe au moment où d'ordinaire elle est rétrograde, lorsqu'elle parvient à son *maximum* ou à son *minimum* à des heures toutes différentes de celles qui ont ordinairement lieu. Il est à croire qu'une cause nouvelle & étrangère agit sur elle, trouble sa marche, & il est bien intéressant d'examiner & d'observer alors toutes les circonstances qui accompagnent ces perturbations de l'aiguille aimantée ; il n'y avoit pas d'autre parti à prendre pour acquérir là-dessus des lumières certaines, que de tenir registre à chaque observation de toutes les circonstances de l'état de l'air actuel & précédent depuis la dernière observation. C'est ce que nous n'avons pas manqué de faire. Ayant ensuite formé un Tableau jour par jour de la direction & des heures du *maximum* & du *minimum*, avec un précis historique des évènemens de la journée, nous avons été en état d'apercevoir, tout de suite, quelles ont été les circonstances qui ont accompagné telles & telles perturbations. C'est en jetant les yeux sur les quatre-vingt-seize Tableaux fournis par huit années d'observations, que nous avons reconnu les particularités suivantes :

1°. Les aurores boréales, la neige & les brouillards, de même que les vents tenant de la partie de l'est, sont les circonstances qui

accompagnent le plus fréquemment les perturbations de l'aiguille aimantée.

2°. Les mêmes causes ne produisent pas toujours les mêmes effets.
Quelquefois une aurore boréale ne procurera que de l'oscillation à
l'aiguille ; d'autres fois elle l'écartera instantanément de sa direction
ordinaire ; d'autres enfin , elle la repoussera loin de sa direction
habituelle, tellement qu'il faudra un certain temps à l'aiguille pour
regagner son ancienne position , & souvent elle n'y sera ramenée
que par une perturbation en sens contraire. Ceci est très-singulier ;
j'ai eu lieu de le remarquer, & même on peut en voir un exemple
frappant dans notre tracé, *figure première*. En effet, vous y verrez
qu'à la fin d'Octobre 1787, la direction du *maximum* éprouva une
variation extraordinaire d'environ 18 minutes, dont l'aiguille fut repoussée vers l'est. Gardant cette nouvelle position, elle y accomplit
les mouvemens & balancemens qu'elle avoit coutume d'éprouver
dans les mois de Novembre, Décembre & Janvier, lesquels, pour
l'ordinaire, l'écartent peu du point où elle se trouve en Octobre ;
de sorte que l'aiguille qui naturellement auroit dû, vers le premier
Janvier 1788, se trouver entre 50 & 60 minutes, se trouva par ce
dérangement entre 40 & 50 minutes ; ce qui a rapproché sa déclinaison en Janvier 1788, de celle qu'elle avoit eue en Janvier 1787,
tellement qu'à ces deux époques, il auroit paru n'y avoir eu que 6 à
7 minutes de variation, tandis que dans l'intervalle la direction a varié
de près de 22 minutes. Continuant ensuite dans les mois de Janvier,
Février & Mars, sa marche ordinaire, sans montrer, pour ainsi dire,
plus d'empressement à regagner son ancienne position, mon aiguille
enfin éprouva une nouvelle perturbation, dont l'effet contraire au
précédent, la repoussa, dans l'ouest, d'une égale quantité de
18 minutes, & par-là la rétablit à-peu-près au même point où elle
se seroit trouvée si elle n'avoit pas éprouvé la première perturbation.
Or, quelle fut la cause apparente de ce dérangement, ce fut chaque
fois une aurore boréale. Pareillement une variation un peu forte qui
eut lieu du 28 Mai au 4 Juin 1786, fut encore causée par une aurore
boréale. Une autre perturbation du 28 Octobre au 4 Novembre de
la même année, fut accompagnée de neige, de brouillards & de fort
mauvais temps. Mais il est à remarquer que peu après le 8 Novembre, il y eut une superbe aurore boréale, qui ne causa aucun déran-

gement à la direction du *maximum* de l'aiguille , mais lui fit faire de
grandes oscillations pendant la durée.

3°. Dans les mois de Décembre, Janvier & Février, l'aiguille est
fréquemment oscillante ou tremblante , ce qu'il est naturel d'attribuer
aux mauvais temps qui sont plus communs dans cette saison.

4°. Un grand changement dans l'atmosphère , tel que le passage
d'un beau temps constant à un temps nuageux , pluvieux & nébu-
leux, ou d'un vilain temps à un beau , est assez ordinairement accompagné & quelquefois annoncé par l'oscillation de l'aiguille.

Au reste , comme nous l'avons déjà dit plus haut , ce qui a lieu
dans un temps n'a pas toujours lieu dans l'autre ; il paroît qu'il y a une
grande complication dans les causes perturbatrices , que l'on ne
pourra reconnoître toutes qu'après un nombre infini d'observations
bien faites & suivies. Nous ne nous arrêterons donc pas davantage
sur ce point ; il nous suffit d'avoir indiqué ce que nous avons pu
reconnoître de plus intéressant sur les perturbations de l'aiguille
aimantée. Le parti que nous avions pris de descendre une de ces
boussoles au fond des caves de l'Observatoire , & d'y suivre ces mouvemens comparativement à une semblable placée dans nos salles supé-
rieures , nous auroit procuré de grandes lumières à ce sujet. Je ne
répéterai point ici ce que j'ai publié de ces observations dans le
*Journal de Physique* ( Avril 1784 ). Elles n'ont pas été aussi nombreuses que je l'aurois désirées , & au moment où j'aurois voulu les
reprendre & continuer d'autres expériences commencées , je me suis
vu forcé de renoncer à descendre dans les caves de l'Observatoire ,
qui sont devenues depuis deux ans l'objet des craintes & des soupçons populaires , il faut donc remettre ces expériences à des temps
plus heureux , & passer aux résultats que nous présente le quatrième
Tableau.

§. V.

*Variations & direction de l'aiguille aimantée dans son* minimum.

Le quatrième Tableau, dressé de la même manière que le troisième , représente les différentes directions de l'aiguille dans le
*minimum* de huitaine en huitaine. Naturellement il doit nous offrir
les mêmes résultats que celui du *maximum*. Mais il est de fait que la
position

position de l'aiguille dans son *minimum* de direction , est sujette à beaucoup plus d'inégalité & de variations que dans son *maximum*. L'on en aperçoit la raison ; c'est que le *minimum* a lieu vers le soir , la nuit & le matin , qui sont les temps de la journée les plus sujets aux grands mouvemens de l'atmosphère , où arrivent les aurores boréales , & autres causes perturbatrices du mouvement de nos aiguilles ; c'est cette considération qui nous a toujours fait chercher de préférence dans les directions du *maximmm* les lois de la marche de l'aiguille aimantée. Au reste , voici les principaux résultats que nous offrent les relevés du quatrième Tableau ; on verra qu'ils sont généralement assez d'accord avec ceux que nous avons extraits du troisième.

La petite Table suivante montre quel a été le plus grand arc décrit par l'aiguille , compris entre les plus grandes digressions dans chaque année :

*Plus grande variation dans l'année.*

| En 1784 , | 23 min. 10 sec. |
|---|---|
| 1785 , | 17 49 |
| 1786 , | 19 11 |
| 1787 , | 22 11 |
| 1788 , | 23 17 |

On a encore , pour la quantité réelle dont l'aiguille s'éloigne du pôle chaque année plus que la précédente , les résultats suivans :

*Variation ou progression annuelle des plus grandes digressions occidentales.*

| Du 27 Décembre 1784 au 20 Décembre 1785 , | 12 min. 4 sec. |
|---|---|
| Du 20 Décembre 1785 au 20 Décembre 1786 , | 2 44 |
| Du 20 Décembre 1786 au 27 Octobre 1787 , | 19 27 |
| Du 27 Octobre 1787 au 12 Novembre 1788 , | 3 50 |

*Variation ou progression annuelle des plus grandes digressions orientales.*

| Du 27 Janvier 1784 au 20 Juin 1785 , | 17 min. 24 sec. |
|---|---|
| Du 20 Juin 1785 au 20 Juin 1786 , | 1 22 |
| Du 20 Juin 1786 au 4 Juillet 1787 , | 16 27 |
| Du 4 Juillet 1787 au 27 Mars 1788 , | 2 44 |

G

Enfin, les diverses directions de l'aiguille dans le *minimum*, aux époques des équinoxes du printemps & de l'automne, ainsi qu'à celles des solstices d'été & d'hiver, sont renfermées dans la Table suivante :

| | | Direction.<br>d.  m. | | Mouvement.<br>d.  m. | | |
|---|---|---|---|---|---|---|
| 1784 (1) | 20 Mars | 3 | 9 Est | | | |
| | | | | — 5 | 12 | Rétrograde. |
| | 20 Juin | 8 | 21 Est | | | |
| | | | | + 5 | 20 | |
| | 20 Septembre | 3 | 1 Est | | | |
| | | | | +13 | 42 | Directe. |
| | 20 Décembre | 10 | 41 Ouest | | | |
| | | | | + 3 | 1 | |
| 1785 | 20 Mars | 13 | 42 Ouest | | | |
| | | | | — 6 | 51 | Rétrograde. |
| | 20 Juin | 6 | 51 Ouest | | | |
| | | | | + 5 | 29 | |
| | 20 Septembre | 12 | 20 Ouest | | | |
| | | | | —12 | 20 | Directe. |
| | 20 Décembre | 24 | 40 Ouest | | | |
| | | | | + 2 | 45 | |
| 1786 | 28 Mars | 21 | 55 Ouest | | | |
| | | | | —13 | 42 | Rétrograde. |
| | 20 Juin | 8 | 13 Ouest | | | |
| | | | | + 9 | 36 | |
| | 20 Septembre | 17 | 49 Ouest | | | |
| | | | | + 9 | 35 | Directe. |
| | 20 Décembre | 27 | 24 Ouest | | | |
| | | | | +12 | 20 | |
| 1787 | 20 Mars | 39 | 44 Ouest | | | |
| | | | | — 7 | 32 | Rétrograde. |
| | 20 Juin | 32 | 12 Ouest | | | |
| | | | | + 2 | 3 | |
| | 20 Septembre | 34 | 15 Ouest | | | |
| | | | | + 2 | 44 | Directe. |
| | 20 Décembre | 36 | 59 Ouest | | | |
| | | | | + 2 | 45 | |
| 1788 | 4 Avril | 39 | 44 Ouest | | | |
| | | | | — 1 | 22 | Rétrograde. |
| | 27 Juin | 38 | 22 Ouest | | | |
| | | | | + 1 | 23 | |
| | 27 Septembre | 39 | 44 Ouest | | | |
| | | | | + 5 | 29 | Directe. |
| | 20 Décembre | 45 | 13 Ouest | | | |

L'on voit par ce Tableau que la même loi générale remarquée ci-dessus dans la marche du *maximum*, a eu lieu dans celle du *minimum* : si d'ailleurs on ne trouve pas précisément les mêmes quantités de part & d'autre, c'est parce que, ainsi que nous l'avons déjà dit, le *maximum* & le *minimum* ayant lieu à des instans diffé-

(1) Cette Table ne commence qu'en 1784, parce qu'en 1783 on ne s'attachoit à observer assidûment que la direction dans le *maximum*.

rens, sont diversement affectés par les perturbations. Il nous reste
à examiner les résultats du cinquième Tableau.

§. V I.

*Variation diurne de l'aiguille aimantée.*

L'arc que décrit chaque jour l'aiguille aimantée du matin à midi
& de midi au soir, ou la différence de ses directions dans le *maximum* & dans le *minimum*, est ce que nous appelons *la variation
diurne*. Les résultats du cinquième Tableau ne sont donc autre chose
que les différences de ceux du troisième & du quatrième, & nous
offrent la quantité moyenne de la variation diurne dans chaque
semaine de l'année.

Il paroît qu'entre les deux équinoxes du printemps & d'automne,
c'est-à-dire, pendant les mois d'Avril, Mai, Juin, Juillet, Août &
Septembre, les variations diurnes sont les plus grandes; & dans les
autres mois, comme ceux d'Octobre, Novembre, Décembre, Janvier, Février & Mars, c'est alors qu'elles sont les plus petites. Les
quantités moyennes que nous donne notre première suite d'observations, sont de 8 à 10 minutes pour les plus petites, & de 13 à 15
pour les plus grandes. Au reste, les inégalités & les perturbations
qu'éprouve plus particulièrement le *minimum*, apportent dans ces
quantités de grandes inégalités; & ce n'est que par une suite très-
considérable d'années d'observations, que l'on pourra fixer quelque
chose sur ce point, & découvrir peut-être quelques autres lois générales, sur l'annonce desquelles on ne sauroit être trop circonspect;
car autant la découverte d'une vérité est utile & précieuse aux sciences, autant l'établissement d'une erreur est nuisible à leur progrès.
C'est ce qui me fait terminer ici ce Mémoire, & passer sous silence
quelques autres particularités & correspondances que j'ai cru remarquer & soupçonner dans les mouvemens de l'aiguille aimantée, mais
dont la confirmation demande une plus longue expérience, de nouvelles attentions, & peut-être plus de scrupule dans les observations
& plus de perfection dans les moyens; c'est ce dont je vais m'occuper dans une nouvelle suite d'observations que je me propose de
commencer l'année prochaine.

G 2

# I<sup>er</sup>. TABLEAU.

*Déclinaison de l'aiguille aimantée observée à l'Observatoire Royal de Paris, depuis 1667 jusqu'en 1777.*

Pour rendre plus complet ce Tableau de la déclinaison de l'aiguille aimantée, voici une note des principales & des plus anciennes observations.

En 1536 : Hartman, en Allemagne, trouva la déclinaison de l'aiguille aimantée de                    10 d. 15 m. N. E.

En 1550 : A Paris, elle fut trouvée de        8    0    N. E.

En 1580 : A Paris, (*Mém. Acad.* 1705, p. 102 ) 11    30    N. E.

En Angleterre, ( *Voyage de Thévenot*) M. Bourroug l'a trouvée de        2    15    N. E.

Vers 1600 : D'Alencé, dans sa *Connoissance des Temps* de l'année 1682, p. 74, dit qu'au commencement du siècle la déclinaison de l'aiguille aimantée étoit de 7 à 8 degrés Nord-Est.

En 1610 : ( Voyez *Encyclopédie inf.* T. I, p. 201 ) elle fut trouvée de        8    0    N. E.

En 1622 : ( *Voyage de Thévenot*, p. 32 ) M. Gonter l'a trouvée de        6    30    N. E.

En 1634 : ( *Voyage de Thévenot*, p. 32 ) M. Ellibran l'a trouvée de        4    16    N. E.

En 1640 : ( *Hist. Acad.* Tome VII, p. 514, & *Connoissance des Temps* de 1682, page 74 ) elle fut trouvée de    3    0    N. E.

En 1642 : (*Hist. Acad.* Tome II, page 18 ) elle fut observée de        2    30    N. E.

En 1663 : Vers le solstice d'été, à Issy près Paris, chez M. Thévenot, on trouva la déclinaison nulle.

En 1664 : M. Picard avec une aiguille de 5 pouces de longueur, (*Mém. Acad.* 1705, p. 101) trouva la déclinaison de 0    40    N. E.

Mais à Issy, chez M. Thévenot, on la trouva, au contraire, de        1    0    N. O.

En 1666 : M. Picard ( *Hist. Acad.* Tome VII, page 165 ) trouva la déclinaison nulle.

| ÉPOQUES. | Déclinaison N.O. | | OBSERVATEURS ET REMARQUES. | ÉPOQUES. | Déclinaison N.O. | | OBSERVATEURS ET REMARQUES. | | |
|---|---|---|---|---|---|---|---|---|---|
| | d. | m. | | | d. | m. | | | |
| 1667, Juin 21 | 0 | 15 | Messieurs de l'Académie viennent faire cette observation sur l'emplacement destiné à l'Observatoire Royal projetté. (*Hist. Acad.* T. I, p. 44.) | 1689, Nov. 23 | 6 | 0 | Cassini. | | |
| | | | | 1691, | 4 | 40 | (*Acad.* T. VII, p. 825.) | | |
| | | | Chez M. Thévenot, à Issy, on trouve 2 d. 0 m. | 1692, Décembre | 5 | 50 | La Hire. | | |
| | | | | 1693, Décembre | 6 | 20 | La Hire. | | |
| 1670, | 1 | 30 | Picard , avec une aiguille de 5 pouces (*Hist. Acad.* T. VII, p. 165, ann. 1705, p. 101.) | 1695, Oftob. 13 | 6 | 48 | La Hire, ou 7 d. 0 m. selon les Mémoires de l'Acad. T. VII, p. 514. | | |
| | | | A Issy, chez M. Thévenot, en | 1696, Oftob. 17 | 7 | 8 | La Hire. | | |
| | | | 1671, 2 d. 30 m. | 1697. Oftob. 22 | 7 | 40 | La Hire, | Cassini & Maraldi observent en même temps, & trouvent de leur côté, Oftob. 17 | 7 | 50 |
| | | | 1673, 2 50 | 1698, Oftob. 30 | 7 | 40 | La Hire, | | | |
| | | | 1677, 2 50 | 1699, Oftob. 23 | 8 | 10 | La Hire, | | | |
| | | | 1678, 2 50 | | | | | | | |
| 1680, Juillet 1 | 2 | 40 | Picard. Dans les Registres de l'Académie, on lit : Le 22 Mars 1681, M. Picard a fait son rapport à l'assemblée de la déclinaison qu'il a vérifiée , & qui est à présent de 2 degrés 15 minutes Nord-Ouest, aulieu que , l'année précédente , l'aiguille déclinoit de 2 degrés 45 minutes , on a résolu de la vérifier avec plusieurs aiguilles. On l'a établie de 2 degrés 50 minutes , pour la fin de l'année 1680. | 1700 , Nov. 20 | 8 | 12 | La Hire , | | 7 | 40 |
| | | | | 1701, Sept. 22 | 8 | 4? | La Hire , | | 8 | 25 |
| | | | | 1702, Sept. 22 | 8 | 48 | La Hire , | Oftob. 30 | 8 | 50 |
| | | | | 1703, Déc. 18 | 9 | 6 | La Hire , | Oftob. 30 | 9 | 0 |
| | | | | 1704, Oftob. 30 | 9 | 20 | La Hire , | Oftob. 29 | 9 | 30 |
| | | | | 1705, Mars 28 | 9 | 25 | La Hire , | Juillet 15 | 9 | 30 |
| | | | | Déc. 31 | 9 | 35 | La Hire , | | | |
| | | | Thévenot, à Issy , 0 d. 30 m. | 1706, Déc. 31 | 9 | 48 | La Hire , | 28 Déc. | 10 | 0 |
| 1681, | 2 | 30 | Picard. | 1707, Déc. 28 | 10 | 10 | La Hire , | | | |
| | | | Thévenot, à Issy, 2 30 | 1708, Déc. 27 | 10 | 15 | La Hire , | Janvier 11 | 10 | 15 |
| 1682, | 2 | 30 | Picard, (*Hist. Acad.* T. VII, p. 827.) | 1709, Déc. 24 | 10 | 30 | La Hire , | Avril 18 | 10 | 40 |
| | | | | 1710, Déc. 30 | 10 | 50 | La Hire , | Nov. 6 | 10 | 50 |
| | | | | 1711, Déc. 30 | 10 | 50 | La Hire , | Déc. 1 | 11 | 0 |
| 1683, Mars 10 | 3 | 50 | La Hire, avec une aiguille ou fil d'acier, qui se termine en deux pointes déliées , de 8 pouces de longueur , ( *Mém. Acad.* 1716, pag. 5 & 6.) | 1712, Déc. 30 | 11 | 15 | La Hire. Une aiguille de 4 pouces de longueur , donne la même déclinaiton. | | | |
| | | | | | | | | Nov. 14 | 11 | 25 |
| 1684, Décembre | 4 | 10 | La Hire. | 1713, Déc. 29 | 11 | 12 | La Hire , | Oftob. 25 | 11 | 40 |
| 1685, Décembre | 4 | 10 | La Hire. | 1714, Déc. 31 | 11 | 30 | La Hire , | Oftob. 28 | 12 | 0 |
| 1686, Décembre | 4 | 30 | La Hire. | 1715, Déc. 30 | 11 | 10 | La Hire. Deux autres aiguilles , l'une de 8 pouces , & l'autre de 13 pouces , donnent la même déclinaison. | | | |
| 1687, Nov. 9 | 5 | 12 | Cassini. | | | | | | | |
| 1688, | 4 | 30 | (*Acad.* T. VII, p. 825.) | | | | | | | |

| ÉPOQUES. | Déclinaison N. O. | | OBSERVATEURS ET REMARQUES. | ÉPOQUES | déclinaison N. O. | | OBSERVATEURS ET REMARQUES. |
|---|---|---|---|---|---|---|---|
| | d. | m. | | | d. | m. | |
| | | | Octob. 4 \| 12 \| 15 | 1735, Avril 28 | 15 | 45 | Maraldi. |
| 1716, Déc. 30 | 12 | 30 | La Hire, Octob. 23 \| 12 \| 30 | Octob. 1 | 14 | 55 | Maraldi, avec une autre aiguille de 8 pouces. |
| 1717, Déc. 29 | 12 | 40 | La Hire, aiguille de 13 pouces. Octob. 11 \| 12 \| 45 | 1736, Décembre | 15 | 40 | Maraldi, le premier Mai, 15 d. 40 m. (*Connoiss. des Temps.*) |
| 1718, Déc. 31 | 11 | 30 | La Hire, Octob. 1 \| 12 \| 30 | 1737, Mai 5 | 14 | 45 | Maraldi. La même résultat a été trouvé plusieurs fois dans l'année. |
| 1719, Sept. 26 | 12 | 30 | Maraldi emploie les mêmes instrumens que Messieurs de la Hire, pere & fils. A la fin de Décembre, il trouve la déclinaison un peu moindre que le 26 Septembre. (*Mém. Acad.* 1720, p. 7.) | 1738, Mars 28 | 15 | 10 | Cassini. |
| | | | | 1739, Décembre | 15 | 30 | Maraldi, le 18 Février, 15 degrés 20 m. (*Connoiss. des Temps.*) |
| | | | | 1740, Décembre | 15 | 30 | Maraldi. Pendant l'été, 15 degrés 45 minutes. |
| 1720, Sept. 1 | 13 | 0 | Maraldi. | 1741, Mai 14 | 15 | 40 | Maraldi. Une aiguille de 12 pouces a donné la même déclinaison en différens temps de l'année. |
| 1721, Janv. 2 | 13 | 0 | Maraldi. | | | | |
| Octob. 16 | 13 | 0 | Maraldi. | | | | |
| 1722, Janv. 4 | 13 | 0 | Maraldi. | 1742, Sept. 21 | 15 | 10 | Maraldi. Une aiguille de 12 pouces a donné le 2 Juin 15 degrés 40 minutes. |
| Nov. 22 | 13 | 0 | Maraldi. | | | | |
| 1723, Janv. 4 | 13 | 0 | Maraldi. | 1743, Juin 15 | 15 | 10 | Maraldi. Même résultat en différens temps de l'année. |
| Déc. 22 | 13 | 0 | Maraldi. | | | | |
| 1724, Nov. 9 | 13 | 0 | Maraldi. | 1744, Juillet 21 | 16 | 15 | Fouchy, avec une aiguille de 4 pouces. |
| 1725, Janv. 3 | 13 | 0 | Maraldi. | 1745, Mai 19 | 16 | 15 | Fouchy. |
| Octob. 26 | 13 | 15 | Maraldi, même déclinaison le 30 Décembre. | 1746, Juin 25 | 16 | 15 | Fouchy. |
| 1726, Déc. 5 | 13 | 45 | Maraldi. | 1747, Juillet 22 | 16 | 30 | Fouchy. |
| 1727, Décembre | 14 | 0 | Maraldi. | 1748, Juin 14 | 16 | 45 | |
| 1728, Nov. 17 | 13 | 50 | Maraldi. | 1749, Juin 11 | 16 | 30 | Fouchy. |
| 1729, Déc. 5 | 14 | 10 | Maraldi. | 1750, Juin 17 | 17 | 15 | Fouchy. |
| 1730, Nov. 20 | 14 | 25 | Maraldi. | 1751, Avril 30 | 17 | 0 | Même déclinaison le 5 Mai. |
| 1731, Déc. 5 | 14 | 45 | Maraldi. | 1752, Juin 16 | 17 | 15 | Fouchy. |
| 1732, Sept. 5 | 15 | 15 | Maraldi. | 1753, Fév. 28 | 17 | 20 | Fouchy. |
| 1733, Déc. 1 | 15 | 45 | Maraldi. | 1754, Mars 6 | 17 | 15 | Fouchy. En Gâtinois, M. Duhamel trouve 17 degrés 30 min. |
| 1734, Mai 13 | 15 | 35 | Maraldi : M. Buache, avec une aiguille de 6 pouces, a trouvé le premier Décembre 15 degrés 40 minutes. | 1755, Mars 14 | 17 | 30 | Maraldi. |

| ÉPOQUES. | Décli-naison N. O. | | OBSERVATEURS ET REMARQUES. | ÉPOQUES. | Décli-naison N. O. | | OBSERVATEURS ET REMARQUES. |
|---|---|---|---|---|---|---|---|
| | d. | m. | | | d. | m. | |
| 1756, Mars 30 | 17 | 45 | Maraldi. | 1772, Nov. 5 | 20 | 2 | Le Monnier. |
| 1757, Mai 4 | 18 | 0 | Maraldi. | 1773, Avril 29 | 20 | 0 | Le même M. le Monnier, obser- |
| 1758, Mai 10 | 18 | 0 | Maraldi. | | | | vant la déclinaison dans le jar- |
| 1759, Fév. 15 | 18 | 10 | Maraldi. | | | | din du Temple, a trouvé (Mém. |
| 1760, Mai 8 | 18 | 30 | Maraldi. | | | | Acad. 1774, p. 237.) |
| 1765, Avril 22 | 19 | 0 | Maraldi. | | | | En 1772, le 4 Nov. 20 12,5 |
| | | | En 1769 le 13 Juillet, M. Duha-mel en Gâtinois, trouve 19 deg. 30 min. | | | | 1773, 22 Avril, 20 4,5 |
| 1770, Juillet 15 | 19 | 55 | Maraldi. | | | | 1774, 27 Mai, 20 17,0 |
| 1771, 6 Mai | 19 | 50 | Maraldi. | | | | 12 Août, 20 12,0 |

## II. TABLEAU.

*Déclinaison de l'aiguille aimantée observée à l'Observatoire Royal de Paris,
depuis 1777 jusqu'en 1791.*

| ÉPOQUES. | | DÉCLINAISON Nord-Ouest. | | Thermo-mètre. | Baromè-tre. | CIRCONSTANCES, REMARQUES, ET AUTRES OBSERVATIONS. |
|---|---|---|---|---|---|---|
| | | d. | m. | d. | p. l. | |
| 1777 | Le 29 Avril | | | | | Dans la partie sud-ouest du jardin en terrasse qui règne devant la façade méridionale du bâtiment de l'Observatoire, on a établi très-solidement un fût de colonne, pour servir d'appui fixe & constant aux boussoles avec lesquelles on voudra déterminer la déclinaison de l'aiguille aimantée. La distance du centre de cette demi-colonne à la méridienne de l'Observatoire prolongée, est de 105 pieds 10 pouces 4 lignes 7 dixièmes; & au centre de la pyramide de Montmartre de 2960 toises 8 dixièmes ; & l'angle au centre de la colonne entre le méridien & la direction de la pyramide, est de 0 d 20 m. 7 dixièmes. |
| | 17 Sept. à 2 h. ½ | 20 | 26, 7 | | | Temps très-chaud, ciel fort serein. |
| | | | | | | Toutes les observations suivantes ont été faites par Messieurs le Monnier & Cassini. Avec une aiguille d'acier fondu de 15 pouces de longueur, 4 lignes de largeur & 1 ligne d'épaisseur, pesant 1446 grains, renfermée dans une boîte de bois très-sec, montée sur un chassis de cuivre portant un limbe & une lunette de même matière, que l'on pointe sur un des moulins de Montmartre, lequel, vu du centre de la colonne, forme avec la pyramide un angle de 0 d. 52 min. vers l'ouest. ( Voyez *Mém. Acad.* 1778, p. 68. ) |
| 1778 | 17 Déc. 5 h. ½ | 20 | 36, 7 | | | |
| | 30 Déc. midi | | 41, 0 | 3, 4 | 28 0 | M. le Monnier, avec la même aiguille, a observé au village d'Issy, près Paris, sur la terrasse d'une maison située au-dessous de l'église, |
| | | | | | | En 1778, le 30 Août, à 6 h. 40 m. du soir, 20 d. 36 m. |
| | | | | | | le 4 Sept. à 6 h. 31 m. du soir, 20 48 |
| | | | | | | le 8 Sept. 20 47 |
| 1779 | 22 Mars 11 h. | 20 | 31, 3 | | | |
| | 14 Juin 10 h. ½ | | 35, 3 | | | |
| | 18 Juillet midi | | 32, 5 | 22, 7 | 28 1 | |
| | 29 Juillet 10 h. | | 40, 3 | 18, 0 | 27 11 | Le 31 Juillet, une aiguille de 6 pouces de longueur, |

| ÉPOQUES. | | | DÉCLINAISON Nord-Ouest, | | Thermomètre. | Baromètre. | CIRCONSTANCES, REMARQUES, ET AUTRES OBSERVATIONS. |
|---|---|---|---|---|---|---|---|
| | | | d. | m. | d. | p. l. | |
| 1779 | | | | | | | placée sur le parapet du mur occidental de la terrasse à l'ouest de la colonne, a donné vers 7 heures & demie du soir, la déclinaison de 20 d. 31 min. |
| | | | | | | | M. le Monnier, avec la grande aiguille de 15 pouces, a observé au village d'Issy, près Paris, |
| | | | | | | | En 1779, le 19 Août, à 7 heures du soir, 20 d. 54 m. |
| | 21 Nov. | midi | | 35, 3 | 3, 0 | 27 2 | |
| 1780 | 4 Janv. | midi | 20 | 35, 3 | 2, 7 | 28 2 | Vent assez fort N. N. O. |
| | 27 Mars | midi ½ | | 44, 8 | 11, 3 | 28 0 | |
| | 5 Mai | midi | | 40, 3 | 14, 0 | 28 1 | |
| | 16 | midi ½ | | 42, 3 | 11, 5 | 28 1 | Vent N. O. |
| | 17 | midi | | 49, 3 | 10, 8 | 28 2 | Temps couvert. Vent O. N. O. |
| | 18 | midi | | 42, 3 | 13, 3 | 28 1 | Vent N. O. |
| | 19 | midi | 21 | 4, 4 | 15, 1 | 28 1 | Beau temps, Vent O. |
| | 20 | midi ½ | 20 | 49, 3 | 11, 2 | 28 2 | |
| | 21 | midi ½ | | 44, 8 | 14, 2 | 28 1 | Ciel couvert. Vent foible S. E. |
| | 22 | midi | | 42, 3 | | 27 10 | Soleil par intervalles. Vent S. S. O. |
| | 23 | midi | | 57, 3 | 11, 3 | 27 11 | Ciel en partie couvert. Vent O. assez fort. |
| | 24 | midi ½ | | 44, 3 | 11, 6 | 28 2 | Ciel couvert. Vent O. assez fort. |
| | 25 | midi ½ | | 48, 3 | 14, 8 | 28 3 | Calme. |
| | 26 | 1 h. | | 46, 0 | 16, 3 | 28 2 | Calme. |
| | 27 | midi | | 46, 8 | 17, 1 | 28 2 | Ciel couvert. Vent foible. |
| | 28 | 1 h. | | 43, 3 | 18, 0 | 28 2 | Petit Vent E. frais. |
| | 29 | midi ½ | | 47, 3 | 20, 0 | 28 0 | Vent foible E. ¼ S. E. |
| | 31 | midi ¼ | | 42, 3 | 20, 6 | 20 0 | Beau temps. Vent très-foible N. |
| | 1 Juin | midi ¼ | | 44, 6 | 22, 2 | 28 0 | Petit Vent S. E. frais. |
| | 2 | midi ½ | | 45, 3 | 23, 0 | 28 0 | Beau, calme. |
| | 3 | midi | | 48, 3 | 22, 5 | 27 11 | Ciel serein, petit Vent S. |
| | 4 | n i i | | 38, 3 | 15, 5 | 28 0 | Ciel couvert. Vent N. N. E. Orage le soir. |
| | 5 | midi | | 49, 3 | 13, 5 | 27 11 | Ciel couvert. Vent foible N. N. E. |

H

| ÉPOQUES. | | | Déclinaison Nord-Ouest. | | Thermomètre. | Baromètre. | | Circonstances, Remarques, et autres Observations. |
|---|---|---|---|---|---|---|---|---|
| | | | d. | m. | d. | p. | l. | |
| 1780 | 7 Juin | midi ½ | 20 | 38, 8 | 12, 3 | 27 | 11 | Vent N. |
| | 9 | midi ½ | | 39, 3 | 14, 8 | 27 | 11 | Vent S. S. E. |
| | 13 | midi ¾ | | 48, 3 | 18, 0 | 28 | 6 | Ciel en partie couvert. Vent O. |
| | 16 | midi ½ | 21 | 4, 3 | 13, 9 | 28 | 1 | Ciel couvert. Vent N. O. foible. |
| | 18 | midi ¾ | 20 | 43, 3 | 18, 5 | 28 | 0 | Vent S. O. assez fort. |
| | 19 | midi ¾ | | 45, 3 | 19, 3 | 27 | 11 | Ciel couvert. Petit Vent S. frais. |
| | 22 | midi ¾ | | 53, 8 | 16, 4 | 28 | 2 | Ciel couvert. Vent foible O. |
| | 24 | midi ½ | | 50, 3 | 17, 6 | 28 | 2 | Vent S. O. |
| | 25 | midi ¾ | | 42, 3 | 15, 4 | 28 | 2 | Vent O. assez fort. |
| | 26 | midi ½ | | 38, 8 | 14, 6 | 28 | 3 | Ciel en grande partie couvert. Vent N. O. assez fort. |
| | 27 | midi ½ | | 42, 3 | 14, 7 | 28 | 4 | |
| | 28 | midi ¾ | | 38, 3 | 15, 0 | 28 | 3 | |
| | 30 | midi ½ | | 43, 8 | 22, 0 | 28 | 0 | Ciel couvert. Vent S. S. O. assez fort. |
| | 3 Juillet | midi ½ | | 36, 3 | 15, 7 | 28 | 1 | Pluie. Vent O. S. O. assez fort. |
| | 5 | midi ¾ | | 51, 3 | 17, 2 | 28 | 2 | Vent O. N. O. foible. |
| | 7 | midi ¾ | | 39, 3 | 15, 2 | 28 | 1 | Ciel couvert. Petit Vent O. |
| | 8 | midi ¾ | | 43, 8 | 15, 0 | 28 | 0 | Nuages. Vent N. O. foible. |
| | 16 Août | midi ¾ | 21 | 0, 3 | 19, 0 | 28 | 0 | Temps orageux, pluie. |
| | 19 Sept. | midi ½ | 20 | 45, 3 | 14, 3 | 27 | 9 | Nuages. Vent O. S. O. |
| | 21 | midi ½ | | 50, 3 | | | | Nuages. Vent N. O. |
| | 22 | midi ½ | | 42, 3 | 13, 8 | 28 | 1 | Nuages. Vent N. O. |
| | 23 | midi ½ | | 46, 3 | 14, 7 | 28 | 1 | Nuages. Vent N. O. |
| | 19 Déc. | 2 h. ¾ | | 56, 3 | —2, 1 | 28 | 2 | |
| 1781 | 7 Janv. | midi ¾ | | 47, 3 | 5, 7 | 28 | 3 | Ciel pur. Vent N. N. O. |
| | 27 | midi ¾ | | 40, 3 | | | | |
| | 7 Mars | midi ¾ | | 47, 3 | 5, 7 | 28 | 3 | Ciel pur. Vent N. N. O. |
| | 1 Avril | | | 58, 7 | 10, 8 | 27 | 10 | Vent N. E. |
| | 17 | midi ½ | | 50, 3 | 13, 4 | 27 | 11 | |
| | 8 Mai | midi ½ | | 51, 3 | 10, 6 | 27 | 10 | Ciel pur. Vent E. N. E. |

| ÉPOQUES. | | DÉCLINAISON Nord-Ouest. | | Thermo-mètre. | Baromè-tre. | | CIRCONSTANCES, REMARQUES, ET AUTRES OBSERVATIONS. |
|---|---|---|---|---|---|---|---|
| | | d. | m. | d. | p. | l. | |
| 1781 | 12 Mai midi ¼ | 20 | 51, 3 | 17, 6 | 28 | 0 | Vent E. |
| | 29 11 h. m. | | 51, 3 | 18, 5 | 28 | 1 | . |
| | 23 Juin 1 h.½ | | 57, 3 | | | | |
| | 8 Octobre midi | 21 | 3, 3 | 10, 9 | 28 | 3 | Beau ciel. Vent E. foible. |
| | 10 midi | | 9, 3 | 10, 9 | 28 | 3 | Beau temps. Vent E. foible. |
| | 11 1 h. | | 3, 3 | 9, 8 | 28 | 2 | Beau temps Vent N. O. foible. |
| 1782 | 21 Juin 8 h. m. | 21 | 1, 3 | | | | Ciel couvert. Vent N. foible. |
| | 28 3 h. f. | | 16, 3 | | | | Vent N. foible. |
| | 4 Juillet midi | | 12, 3 | | | | Temps couvert, Vent foible. |
| 1783 | 28 Janv. 3 h. ½ f. | 21 | 12, 3 | | | | |
| | 23 Juin 11 h. m. | | 22 | 15, 0 | 28 | 3 | Beau temps. |
| | 5 Août 10 h. m. | | 27 | | 28 | 0 | Temps superbe. |
| 1784 | 27 Février 11 h. m. | 12 | 27 | 10, 9 | 27 | 9 | Très-grand Vent. |
| | 29 midi ¼ | | 24 | 4, 8 | 27 | 8 | Ciel pur. Vent N. E. |
| 1785 | 18 Mars midi | 21 | 35, 3 | 4, 7 | 28 | 2 | Couvert. Vent N. N. E. assez fort. |
| 1786 | 12 Janvier | 21 | 36, 5 | 7, 1 | 27 | 5 | Très-beau. |
| | 1 Juin 11 h. ½ m. | | 27 | 15, 3 | 28 | 3 | Beau temps. Vent E. N. E. assez fort. |
| 1789 | 16 Janv. midi | 21 | 56, 3 | 4, 3 | 28 | 0 | Ciel couvert. Vent S. O. |
| 1790 | 18 Juin 1 h. ½ f. | 22 | 0, 3 | 18, 3 | 28 | 0 | Ciel couvert. Vent S. O. |
| | 7 Août 1 h. ½ f. | 21 | 52, 3 | 20, 6 | 28 | 0 | Temps à demi-couvert : point de Vent. |
| 1791 | 30 Juillet midi ½ | 22 | 4, 3 | 20, 5 | 28 | 0 | Temps couvert. |

H 2

# III. TABLEAU.

*Direction de l'aiguille aimantée dans son* maximum *, les 4 , 12 , 20 & 28 de chaque mois.*

| MOIS. | 1783 m. | 1783 f. | 1784 m. | 1784 f. | 1785 m. | 1785 f. | 1786 m. | 1786 f. | 1787 m. | 1787 f. | 1788 m. | 1788 f. |
|---|---|---|---|---|---|---|---|---|---|---|---|---|
| JANVIER. | | | + 1 | 6 | + 17 | 49 | + 30 | 58 | + 37 | 57 | + 45 | 13 |
| | | | − 0 | 16 | 17 | 49 | 30 | 41 | 40 | 33 | 44 | 48 |
| | | | − 1 | 14 | 24 | 40 | 32 | 53 | 41 | 55 | 44 | 15 |
| | | | 0 | 0 | 26 | 2 | 34 | 15 | 40 | 49 | 44 | 15 |
| FÉVRIER. | | | + 2 | 28 | 23 | 17 | 31 | 55 | 41 | 55 | 45 | 13 |
| | | | + 2 | 3 | 23 | 17 | 34 | 40 | 42 | 28 | 43 | 17 |
| | | | + 2 | 20 | 23 | 17 | 35 | 37 | 47 | 49 | 50 | 0 |
| | | | + 5 | 4 | 24 | 40 | 29 | 35 | 48 | 54 | 48 | 30 |
| MARS. | | | + 8 | 54 | 24 | 7 | 34 | 48 | 56 | 2 | 50 | 50 |
| | | | + 7 | 48 | 25 | 4 | 36 | 59 | 57 | 16 | 49 | 11 |
| | | | + 8 | 5 | 25 | 12 | 36 | 59 | 60 | 58 | 49 | 11 |
| | | | + 8 | 13 | 25 | 12 | 36 | 26 | 58 | 5 | 48 | 5 |
| AVRIL. | | | + 8 | 13 | 23 | 42 | 38 | 22 | 56 | 35 | 66 | 18 |
| | | | + 8 | 54 | 25 | 12 | 38 | 30 | 56 | 59 | 61 | 4 |
| | | | + 10 | 16 | 25 | 12 | 37 | 40 | 59 | 11 | 61 | 14 |
| | | | + 9 | 35 | 24 | 40 | 42 | 45 | 59 | 11 | 64 | 48 |
| MAI. | 0 | 0 | + 12 | 53 | 26 | 2 | 35 | 37 | 55 | 29 | 61 | 31 |
| | − 2 | 12 | + 9 | 11 | 23 | 50 | 35 | 52 | 56 | 51 | 57 | 32 |
| | − 3 | 9 | + 9 | 44 | 25 | 4 | 34 | 56 | 54 | 31 | 55 | 44 |
| | − 3 | 9 | + 3 | 17 | 24 | 7 | 34 | 15 | 49 | 27 | 55 | 13 |
| JUIN. | − 5 | 45 | + 6 | 18 | 25 | 4 | 26 | 43 | 49 | 19 | 55 | 45 |
| | − 6 | 10 | + 1 | 55 | 22 | 36 | 26 | 2 | 50 | 8 | 54 | 32 |
| | − 5 | 53 | + 2 | 44 | 16 | 43 | 22 | 44 | 46 | 35 | 53 | 1 |
| | − 2 | 44 | 0 | 0 | 16 | 51 | 25 | 11 | 43 | 42 | 52 | 11 |
| JUILLET. | − 6 | 26 | − 0 | 41 | 20 | 33 | 27 | 24 | 45 | 51 | 50 | 43 |
| | − 9 | 11 | + 1 | 22 | 19 | 35 | 27 | 32 | 43 | 1 | 52 | 4 |
| | − 12 | 44 | + 3 | 50 | 21 | 55 | 28 | 38 | 43 | 17 | 51 | 14 |
| | − 10 | 25 | + 5 | 29 | 19 | 11 | 31 | 47 | 45 | 29 | 50 | 19 |
| AOUST. | − 10 | 58 | + 4 | 48 | 20 | 58 | 26 | 43 | 45 | 45 | 48 | 22 |
| | − 8 | 38 | + 5 | 4 | 20 | 58 | 30 | 41 | 45 | 13 | 51 | 39 |
| | − 1 | 30 | + 7 | 17 | 23 | 1 | 28 | 54 | 48 | 30 | 52 | 12 |
| | − 1 | 6 | + 8 | 21 | 24 | 40 | 32 | 45 | 40 | 27 | 52 | 28 |
| SEPTEMBRE. | − 5 | 43 | + 10 | 25 | 20 | 10 | 32 | 3 | 49 | 51 | 5 | 7 |
| | − 1 | 39 | + 6 | 51 | 24 | 48 | 32 | 53 | 50 | 8 | 51 | 22 |
| | − 1 | 30 | + 10 | 8 | 26 | 2 | 31 | 31 | 50 | 17 | 51 | 59 |
| | − 1 | 55 | + 8 | 54 | 24 | 22 | 34 | 40 | 51 | 47 | 56 | 10 |
| OCTOBRE. | − 1 | 22 | + 12 | 53 | 26 | 10 | 36 | 59 | 55 | 13 | 56 | 35 |
| | 0 | 0 | + 14 | 48 | 26 | 51 | 37 | 49 | 55 | 54 | 56 | 10 |
| | + 0 | 41 | + 15 | 37 | 26 | 2 | 41 | 31 | 43 | 26 | 57 | 41 |
| | + 0 | 25 | + 14 | 48 | 30 | 8 | 40 | 25 | 58 | 5 | 62 | 12 |
| NOVEMBRE. | + 1 | 22 | + 14 | 15 | 32 | 53 | 29 | 35 | 40 | 49 | 60 | 50 |
| | 0 | 0 | + 14 | 39 | 30 | 8 | 30 | 49 | 38 | 54 | 60 | 58 |
| | + 4 | 7 | + 16 | 51 | 30 | 8 | 31 | 55 | 48 | 17 | 62 | 36 |
| | + 3 | 1 | + 15 | 53 | 31 | 31 | 35 | 37 | 41 | 22 | 58 | 55 |
| DÉCEMBRE. | + 3 | 1 | + 16 | 26 | 30 | 33 | 35 | 45 | 39 | 52 | 58 | 46 |
| | + 2 | 11 | + 15 | 53 | 30 | 8 | 37 | 32 | 44 | 31 | 55 | 29 |
| | + 1 | 22 | + 15 | 12 | 33 | 42 | 39 | 44 | 48 | 30 | 56 | 10 |
| | 0 | 0 | + 16 | 59 | 30 | 8 | 38 | 38 | 45 | 4 | 58 | 30 |

Le figne — indique que l'aiguille étoit à l'Eft , par rapport au point de départ 0 ; & le figne + qu'elle étoit à l'Ouest.

## IV. TABLEAU.

*Direction de l'aiguille aimantée dans son minimum , les 4, 12, 20 & 28 de chaque mois.*

| MOIS. | 1784 | | 1785 | | 1786 | | 1787 | | 1788 | |
|---|---|---|---|---|---|---|---|---|---|---|
| | m. | f. | m. | f. | m. | f. | m. | f. | m. | f. |
| JANVIER. | − 7 | 16 | + 12 | 20 | + 20 | 33 | + 26 | 10 | + 37 | 40 |
| | − 9 | 11 | 10 | 58 | 21 | 55 | 26 | 43 | 34 | 15 |
| | − 8 | 30 | 19 | 11 | 20 | 33 | 26 | 26 | 32 | 52 |
| | − 10 | 33 | 17 | 50 | 24 | 40 | 24 | 43 | 32 | 53 |
| FÉVRIER. | − 7 | 32 | 15 | 4 | 21 | 55 | 27 | 24 | 34 | 15 |
| | − 4 | 23 | 16 | 26 | 21 | 55 | 28 | 46 | 35 | 37 |
| | − 9 | 2 | 16 | 26 | 23 | 17 | 31 | 31 | 36 | 59 |
| | − 30 | 1 | 17 | 49 | 21 | 55 | 32 | 53 | 37 | 32 |
| MARS. | − 2 | 36 | 16 | 26 | 21 | 55 | 37 | 40 | 36 | 59 |
| | − 2 | 20 | 16 | 26 | 20 | 33 | 41 | 6 | 33 | 34 |
| | − 3 | 9 | 13 | 42 | 19 | 11 | 39 | 44 | 30 | 49 |
| | − 1 | 47 | 13 | 42 | 21 | 55 | 41 | 6 | 27 | 24 |
| AVRIL. | − 1 | 55 | 15 | 4 | 20 | 33 | 43 | 9 | 39 | 44 |
| | − 3 | 1 | 15 | 4 | 20 | 33 | 41 | 6 | 45 | 13 |
| | − 1 | 39 | 12 | 20 | 23 | 17 | 41 | 6 | 41 | 32 |
| | − 1 | 6 | 12 | 20 | 24 | 40 | 42 | 28 | 45 | 54 |
| MAI. | − 2 | 11 | 12 | 20 | 23 | 17 | 39 | 44 | 40 | 17 |
| | − 0 | 16 | 8 | 13 | 20 | 33 | 41 | 6 | 44 | 10 |
| | − 5 | 20 | 9 | 35 | 20 | 33 | 38 | 22 | 39 | 44 |
| | − 6 | 2 | 10 | 58 | 17 | 49 | 38 | 46 | 41 | 37 |
| JUIN. | − 8 | 46 | 10 | 58 | 12 | 20 | 32 | 53 | 38 | 22 |
| | − 8 | 5 | 9 | 35 | 12 | 20 | 32 | 53 | 41 | 6 |
| | − 8 | 21 | 6 | 51 | 8 | 13 | 32 | 12 | 39 | 44 |
| | − 9 | 35 | 6 | 51 | 8 | 13 | 32 | 53 | 38 | 22 |
| JUILLET. | − 8 | 54 | 9 | 35 | 13 | 42 | 24 | 40 | 39 | 44 |
| | − 7 | 40 | 8 | 13 | 15 | 4 | 26 | 2 | 39 | 3 |
| | − 6 | 51 | 6 | 51 | 10 | 58 | 26 | 26 | 39 | 44 |
| | − 6 | 43 | 9 | 35 | 12 | 20 | 28 | 46 | 42 | 28 |
| AOUST. | − 5 | 29 | 6 | 51 | 13 | 42 | 26 | 2 | 39 | 3 |
| | − 5 | 20 | 6 | 51 | 13 | 42 | 27 | 24 | 40 | 2 |
| | − 4 | 31 | 10 | 58 | 13 | 42 | 27 | 24 | 37 | 40 |
| | − 2 | 28 | 10 | 58 | 15 | 4 | 32 | 53 | 41 | 6 |
| SEPTEMBRE. | − 2 | 53 | 8 | 13 | 15 | 4 | 32 | 53 | 41 | 47 |
| | − 3 | 1 | 10 | 58 | 16 | 26 | 32 | 53 | 39 | 3 |
| | − 3 | 1 | 12 | 20 | 17 | 49 | 34 | 15 | 38 | 22 |
| | − 1 | 3 | 12 | 20 | 19 | 11 | 38 | 22 | 39 | 43 |
| OCTOBRE. | + 3 | 34 | 12 | 20 | 20 | 33 | 40 | 0 | 41 | 6 |
| | + 4 | 56 | 15 | 4 | 21 | 55 | 40 | 8 | 45 | 13 |
| | + 7 | 40 | 12 | 19 | 24 | 39 | 42 | 3 | 48 | 38 |
| | + 5 | 29 | 20 | 33 | 23 | 17 | 46 | 51 | 49 | 19 |
| NOVEMBRE. | + 7 | 24 | 23 | 17 | 20 | 33 | 26 | 2 | 48 | 22 |
| | + 8 | 54 | 21 | 55 | 21 | 14 | 28 | 46 | 50 | 41 |
| | + 10 | 33 | 21 | 55 | 23 | 17 | 30 | 8 | 50 | 0 |
| | + 9 | 52 | 20 | 33 | 21 | 55 | 28 | 5 | 47 | 16 |
| DÉCEMBRE. | + 12 | 20 | 20 | 33 | 26 | 43 | 28 | 5 | 45 | 54 |
| | + 11 | 6 | 23 | 17 | 27 | 24 | 34 | 56 | 48 | 12 |
| | + 10 | 41 | 24 | 40 | 27 | 24 | 36 | 59 | 45 | 13 |
| | + 12 | 36 | 24 | 40 | 26 | 51 | 35 | 37 | 47 | 57 |

## V. TABLEAU.

*Variation diurne de l'aiguille aimantée dans chaque semaine de l'année.*

| MOIS. | 1784 | | 1785 | | 1786 | | 1787 | | 1788 | |
|---|---|---|---|---|---|---|---|---|---|---|
| | m. | f. | m. | f. | m. | f. | m. | f. | m. | f. |
| JANVIER. | 1 | 22 | 5 | 29 | 10 | 25 | 11 | 47 | 7 | 32 |
| | 8 | 55 | 6 | 51 | 8 | 46 | 13 | 50 | 10 | 33 |
| | 7 | 16 | 5 | 29 | 12 | 20 | 15 | 29 | 11 | 22 |
| | 10 | 33 | 8 | 12 | 9 | 35 | 16 | 10 | 11 | 22 |
| FÉVRIER. | 10 | 0 | 8 | 12 | 10 | 10 | 14 | 31 | 10 | 58 |
| | 6 | 26 | 6 | 51 | 12 | 44 | 13 | 42 | 7 | 40 |
| | 11 | 22 | 6 | 51 | 12 | 20 | 16 | 18 | 13 | 1 |
| | 8 | 5 | 6 | 51 | 7 | 40 | 16 | 2 | 10 | 58 |
| MARS. | 11 | 30 | 7 | 40 | 12 | 53 | 18 | 21 | 13 | 50 |
| | 10 | 8 | 8 | 38 | 16 | 26 | 16 | 10 | 14 | 37 |
| | 11 | 14 | 11 | 30 | 17 | 49 | 21 | 14 | 18 | 21 |
| | 10 | 0 | 11 | 30 | 14 | 31 | 16 | 59 | 20 | 41 |
| AVRIL. | 10 | 8 | 8 | 38 | 17 | 49 | 13 | 25 | 26 | 35 |
| | 11 | 55 | 10 | 8 | 17 | 57 | 15 | 53 | 16 | 51 |
| | 11 | 55 | 12 | 53 | 14 | 23 | 18 | 5 | 19 | 43 |
| | 10 | 41 | 12 | 20 | 18 | 5 | 16 | 43 | 18 | 54 |
| MAI. | 15 | 4 | 13 | 42 | 12 | 20 | 15 | 45 | 21 | 14 |
| | 9 | 27 | 15 | 37 | 15 | 19 | 15 | 45 | 12 | 53 |
| | 15 | 4 | 15 | 29 | 14 | 23 | 16 | 10 | 20 | 0 |
| | 9 | 19 | 13 | 9 | 16 | 26 | 10 | 41 | 13 | 25 |
| JUIN. | 15 | 4 | 14 | 7 | 14 | 23 | 16 | 26 | 17 | 24 |
| | 10 | 0 | 13 | 1 | 13 | 42 | 17 | 16 | 13 | 26 |
| | 11 | 6 | 9 | 52 | 14 | 31 | 14 | 23 | 13 | 17 |
| | 9 | 35 | 10 | 0 | 16 | 57 | 10 | 49 | 15 | 53 |
| JUILLET. | 8 | 13 | 10 | 58 | 13 | 42 | 21 | 12 | 16 | 59 |
| | 9 | 2 | 11 | 22 | 12 | 28 | 16 | 59 | 13 | 1 |
| | 10 | 41 | 15 | 4 | 17 | 40 | 16 | 51 | 11 | 30 |
| | 12 | 11 | 9 | 35 | 19 | 27 | 16 | 43 | 6 | 51 |
| AOUST. | 10 | 16 | 14 | 7 | 13 | 1 | 19 | 44 | 9 | 19 |
| | 10 | 24 | 14 | 7 | 16 | 59 | 17 | 49 | 11 | 39 |
| | 11 | 47 | 12 | 3 | 15 | 12 | 21 | 6 | 14 | 31 |
| | 10 | 49 | 13 | 42 | 17 | 40 | 16 | 35 | 11 | 22 |
| SEPTEMBRE. | 13 | 17 | 17 | 40 | 16 | 59 | 16 | 59 | 12 | 20 |
| | 9 | 52 | 13 | 50 | 16 | 26 | 17 | 16 | 12 | 20 |
| | 13 | 9 | 13 | 42 | 13 | 42 | 16 | 2 | 13 | 17 |
| | 10 | 33 | 12 | 3 | 15 | 29 | 13 | 25 | 16 | 26 |
| OCTOBRE. | 9 | 19 | 13 | 50 | 16 | 26 | 15 | 12 | 15 | 29 |
| | 9 | 52 | 11 | 46 | 16 | 53 | 15 | 45 | 10 | 58 |
| | 7 | 57 | 13 | 42 | 16 | 51 | 11 | 22 | 9 | 2 |
| | 9 | 19 | 9 | 35 | 17 | 7 | 11 | 14 | 12 | 53 |
| NOVEMBRE. | 6 | 51 | 9 | 36 | 9 | 2 | 14 | 48 | 12 | 28 |
| | 5 | 45 | 8 | 13 | 9 | 35 | 10 | 8 | 10 | 16 |
| | 6 | 18 | 8 | 13 | 8 | 38 | 10 | 8 | 12 | 36 |
| | 6 | 2 | 10 | 58 | 13 | 42 | 13 | 17 | 11 | 39 |
| DÉCEMBRE. | 4 | 7 | 10 | 0 | 9 | 2 | 11 | 47 | 12 | 53 |
| | 4 | 49 | 6 | 51 | 10 | 8 | 9 | 35 | 7 | 17 |
| | 4 | 31 | 9 | 2 | 12 | 20 | 11 | 30 | 10 | 58 |
| | 4 | 23 | 5 | 29 | 11 | 47 | 9 | 27 | 10 | 33 |

## VI. TABLEAU.

### Direction de l'aiguille aimantée aux environs des Equinoxes & des Solstices.

| ÉPOQUES | | DIRECTION m. | f. | MOUVEMENT m. | f. | |
|---|---|---|---|---|---|---|
| 1783 | 20 Juin | − 9 | 53 | | | |
| | | | | + 4 | 23 | |
| | 20 Septembre | − 1 | 30 | | | Directe. |
| | | | | + 2 | 52 | |
| | 20 Décembre | + 1 | 22 | | | |
| | | | | + 6 | 43 | |
| 1784 | 20 Mars | 8 | 5 | | | |
| | | | | − 5 | 21 | Rétrograde. |
| | 20 Juin | 2 | 4 | | | |
| | | | | + 7 | 24 | |
| | 20 Septembre | 10 | 8 | | | Directe. |
| | | | | + 5 | 4 | |
| | 20 Décembre | 15 | 12 | | | |
| | | | | +10 | 0 | |
| 1785 | 20 Mars | 25 | 12 | | | |
| | | | | − 8 | 29 | Rétrograde. |
| | 20 Juin | 16 | 43 | | | |
| | | | | + 9 | 19 | |
| | 20 Septembre | 26 | 2 | | | Directe. |
| | | | | + 7 | 40 | |
| | 20 Décembre | 33 | 42 | | | |
| | | | | + 3 | 17 | |
| 1786 | 20 Mars | 36 | 39 | | | |
| | | | | −14 | 15 | Rétrograde. |
| | 20 Juin | 22 | 44 | | | |
| | | | | + 8 | 47 | |
| | 20 Septembre | 31 | 31 | | | Directe. |
| | | | | + 8 | 13 | |
| | 20 Décembre | 39 | 44 | | | |
| | | | | +21 | 13 | |
| 1787 | 20 Mars | 60 | 57 | | | |
| | | | | −14 | 32 | Rétrograde. |
| | 20 Juin | 46 | 35 | | | |
| | | | | + 3 | 42 (1) | |
| | 20 Septembre | 50 | 17 | | | Directe. |
| | | | | − 2 | 13 | |
| | 20 Décembre | 48 | 30 | | | |
| | | | | +17 | 48 | |
| 1788 | 4 Avril | 66 | 18 | | | |
| | | | | −13 | 17 | Rétrograde. |
| | 20 Juin | 53 | 1 | | | |
| | | | | + 3 | 9 | |
| | 28 Septembre | 56 | 10 | | | Directe. |
| | | | | + 2 | 20 | |
| | 28 Décembre | 58 | 30 | | | |

(1) Ce petit mouvement de rétrogradaticn à une époque où précédemment l'aiguille avoit toujours été rétrograde , a vifiblement été produit par l'aurore boréale qui a eu lieu le 31 Octobre , laquelle a caufé une perturbation de 18 minutes dans la direction de l'aiguille , ainfi que nous l'avons fait remarquer plus haut.

# ERRATA.

Page 18, dernière ligne, le 1 Juin, *lisez* le 14 Juin.

Prge 22, ligne 22: exécuté par le sieur Morry, *lisez* exécuté par le sieur Mossy.

Page 23 : ligne 33 de renouveller depuis les mêmes soupçons & de renouveller, *lisez* de renouveller depuis les mêmes soupçons & de répéter.

Page 27, ligne 29: M. le Monnier dans l'écrit cité ci-dessus, *lisez* M. le Monnier dans l'écrit intitulé, *Mémoire concernant diverses questions d'Astronomie, de Navigation & de Physique.*

Page 28, ligne 21: de 1663 & de 1664, *lisez* de 1663 & 1666.

Page 30, ligne 15: & l'oblige à reprendre la même direction, *lisez* & l'obliger à reprendre la même direction.

Page 30, ligne ligne 25: Nous remarquons, en effet, que l'aiguille, *lisez* Nous remarquons, en effet, que l'aiguille.

Page 33, ligne 22: ZCL.... o d. 31 m. 2 sec. *lisez* ZCL... o d. 31 m. 20 sec.

    ligne 29: l'angle a c m, *lisez* l'angle a c m (fig. 5).

    ligne 31: mCZ, *lisez* mcZ.

    *Idem*: a c z, *lisez* a c Z.

Page 34, ligne 28: de 1777 à 180, *lisez* de 1777 à 1780.

Page 36, ligne 27: épaisseur o lig. $\frac{1}{3}$ *lisez* o lig. $\frac{8}{10}$

Page 37, ligne 32: soit P N le méridien de Paris, *lisez* soit P N le méridien de Paris, (fig. 6).

    ligne 33, et l'angle P N M, *lisez* et l'angle P N M'.

Page 38, ligne 23, se trouve en M, *lisez* se trouve en M'.

    ligne 35, les trois derniers tableaux ci-joints, *lisez* les III, IV et V tableaux ci-joints.

Page 39, ligne 29: dans la planche seconde, *lisez* dans la planche seconde, figure premiere.

Page 44, ligne 36, On n'y fit point attention, *lisez* on n'y fit point attention.

Page 48, ligne 18: et d'y suivre ces mouvemens, *lisez* et d'y suivre ses mouvemens.

Page 56, dans la colonne des Remarques : et 1 lig. d'épaisseur, *lisez* et une ligne d'épaisseur.

Fin de l'*Errata.*

fig. 1.<sup>re</sup>

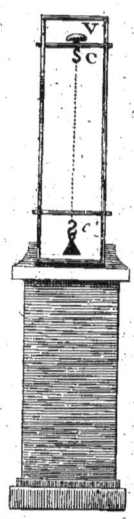

fig. 2.<sup>e</sup>

fig. 3

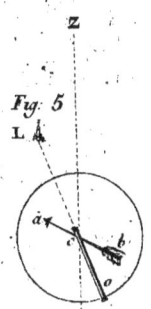

Fig. 5

L

z

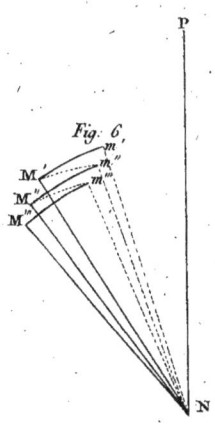

Fig. 6.

M'
M''
M'''

P

z

N

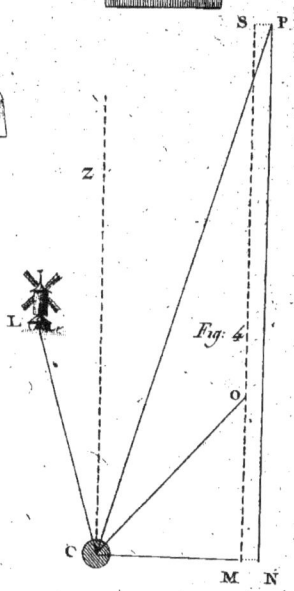

S   P

L

Fig. 4

o

C

M   N

www.ingramcontent.com/pod-product-compliance
Lightning Source LLC
Chambersburg PA
CBHW030928220326
41521CB00039B/1359